# 通

做一个内心强大的女人

# 透

水淼——

著

BECOMING A WOMAN
WITH INNER STRENGTH

台海出版社

**图书在版编目（CIP）数据**

通透：做一个内心强大的女人 / 水淼著 . -- 北京：
台海出版社, 2024. 8. -- ISBN 978-7-5168-3949-2

Ⅰ . B848.4-49

中国国家版本馆 CIP 数据核字第 20241XB090 号

---

通透：做一个内心强大的女人

著　者：水　淼

责任编辑：魏　敏
封面设计：尚世视觉

出版发行：台海出版社
社　　址：北京市东城区景山东街 20 号　　　邮政编码：100009
电　　话：010-64041652（发行，邮购）
传　　真：010-84045799（总编室）
网　　址：www.taimeng.org.cn/thcbs/default.htm
E - mail：thcbs@126.com

经　　销：全国各地新华书店
印　　刷：三河市万龙印装有限公司
本书如有破损、缺页、装订错误，请与本社联系调换

开　　本：710 毫米 × 1000 毫米　　　1/16
字　　数：150 千字　　　　　　　　印　　张：12
版　　次：2024 年 8 月第 1 版　　　印　　次：2024 年 10 月第 1 次印刷
书　　号：ISBN 978-7-5168-3949-2

定　　价：49.80 元

# 爱的路上一起成长

一位女性找到我，想要做夫妻咨询。她说丈夫给她带来很大伤害，她不想过下去了。在我们商讨咨询目标时，她抹着眼泪艰难地说，还是舍不得离开，依然爱着他，只是不知所措。夫妻二人都有重建关系的意愿，彼此都努力做出了很多改变，最终取得了很好的咨询效果。像这样的情况在向我咨询的夫妻中经常发生。带着怨恨而来，带着宽容而归。

其实，在她提出要做夫妻咨询的那一刻，我已经知道了她的期待。她本想回避，却勇敢地选择了去面对，去继续爱。

我们渴望建立一段永恒真挚的关系，又怕在情感世界里受到伤害。

记得十多年前，我写过一本书《让他宠爱你一生》，当时非常畅销。女人先把自己做好，自然会赢得男人的青睐和宠爱。也许现在很多人会对此嗤之以鼻。

随着社会的发展，人们的自我意识更强，对个性独立的要求更高，女性不再像以前那样为了家庭过度牺牲自我，而伴侣间的相处也不如想象中那般美好。越来越多的女性认为自己"不再需要"男人（的宠爱），因为在感情中总会面临着被忽视、被拒绝、被背叛的风险，为了规避风险，她们宁愿选择不去碰触或真正投入。她们的内心也看似变得更加强大。

然而，在两性关系中回避式或对立式的强大并非真正的强大，而是防御式的伪强大。在很多人的内心深处有一种隐含的怨恨，他们感到不被爱、没有价值。

　　罗曼·罗兰说："世界上只有一种英雄主义，就是在认清生活真相之后依然热爱生活。"我们要做这样的英雄，这样的人才是真正强大的。知道有爱就会有伤害，依然能勇敢、智慧地去爱。内心真正强大的人自带安全感，他们并不是完全没有恐惧，而是能够克服内心的恐惧。

　　比失去一个爱人更可怕的，是失去爱一个人的能力。尽管我也有受到伤害的时候，但我不会宣扬一个人刻意回避亲密关系会过得很好。虽然可能会受伤，但亲密关系所带来的温暖和幸福是值得我们勇敢追寻的。

　　或许你正为一段感情感到迷茫，希望得到一个或分或合的答案；或许你已伤痕累累，一再警告自己"不要再那么投入地去爱"；或许你对即将逝去的情感还抱有期待，却不知如何挽回……也许就在本书的字里行间，你会有心领神会的一刻。

　　这是一本在亲密关系中获得自我成长的书，从热情似火的恋爱，到缠绵悱恻的性爱，到激情退却后的争吵，到慢慢浮现的谎言与背叛，到灵魂深处的疗愈，再到一个全新自我的呈现。书中故事大多来自我与读者的互动，都是真实案例（已征得同意并做隐私处理）。当你打破自我障碍时，便能创造幸福生活。

　　读完本书，如果带给你一些心灵上的触动，进而让你有所体悟，解决了生活中的纷争、情感上的纠葛，或是让你产生了不同的观点，请不吝与我分享。我的微信号是17146464，把你的故事告诉我，让我们在爱的路上一起成长！

2024.5　北京

# 目 录

1

# 09

第九章
## 恢复力，穿过灵魂的黑暗 *165*

# 01

## 相爱，
## 总有办法在一起

"看到你，就想拥有你。"

爱以一种强大的内在动力驱使着相爱的人在一起，并且在挫折中一起成长。

# 有爱就会有伤害

因为爱情的排他性，我们往往希望所爱之人只属于自己，无论是在情感上还是身体上。我们害怕失去对方……这是爱情中的正常现象。


我与朋友们在咖啡馆聊天时，其中一位男生 A 时不时地拿起手机发微信。大家群起而攻之，认为他太不把我们这些"身边人"放在眼里了。他连忙无奈地解释，女朋友总爱腻着他，恨不得时刻都要跟她联系才好。开始他挺享受，现在有时也觉得挺烦的。朋友们笑着打趣，女朋友太喜欢他，离不开他。

于是，我们又谈论到一个老掉牙的话题——爱与占有。朋友 B 说："爱一个人就希望他过得好，只要看着他好，自己就满足了！"

我当时嘿嘿一笑。对于这个问题我是有所保留的。

朋友 C 也很认同 B 的观点。为此，他还给我举了一个例子：

一朵花，你若真心喜欢它，当然不会把它采摘下来，你会心甘情愿地为它浇水、施肥，让它沐浴阳光雨露。你不希望它枯萎，而希望它长得更漂亮，让更多的人都看到它的漂亮。这样你就能从它的健康成长中获得满足，这才是真正的爱。

这个说法，我无法反驳，因为 C 说的确实有一定的道理。爱总是利他的。后来，我顿悟，爱有很多种。他们说的这种爱，是真爱，但未必是爱情的"爱"。

我们对家人有爱，对朋友有爱，对一切自己喜欢的人和事物都会产生爱，这些爱可以是博大无私的，无私到付出再多也不会心疼和难受。但是，也有一种爱，让人想起都会感到"心痛"（确确实实的，生理上的疼痛）——这就是爱情。

我们更希望所爱的人围绕在自己周围，每天看着他，别人可以欣赏他，但不能碰触他，他只属于自己。

当你爱上一个人，看到他与异性亲密互动时，你还心如止水，这能算爱情吗？

becoming a woman with inner strength

爱情里面必然有很多狭隘的东西，比如排他，比如性。

做一个内心强大的*女*

爱一个人，希望能与之相处。一般情况下，很少是"因为他需要我，所以我要做他的爱人"，而是"我太爱他了，所以我一定要跟他在一起！""我不能离开他，否则我会很难受。"

然而，这也没什么不对，人都是这样。你吃醋、你任性、你纠缠……

这才是爱情的自然表达、真情流露。在不伤害他人的情况下，追求自己的爱就是一种快乐的举动。当然，若过于沉浸其中，或强求他人一定配合你的需求，就不一定能收获快乐了。

回到上面的主题，如果一定要认为爱一个人只是希望远远地看着他就好，那么这也可以解释，确实有些人对所深爱的"花朵"远观而不亵玩。他们只是在潜意识中害怕失去对方而不敢。为了避免自己认知不协调带来的难受，只能告诉自己很满足了，事实上，自己的欲望和情感的表达受到了压抑。当然，还有一种解释——这样的爱已经升华（就是说"爱过了"，比如，情侣变成了亲人）！

所以说，爱情的"爱"，是真爱，却也是一种狭隘的爱。在爱情里，受伤，抑或是伤到他人，皆属正常。爱过的人会发现，有爱就会有伤害。在爱的过程中，有时你会脆弱无力，有时你又坚不可摧。

# 不爱，不代表伤害

爱与不爱，是可以觉察到的。言语或许不可靠，但感觉是真实的。你不相信自己的感觉，可能因为你不愿意接受感觉到的事实。

爱情的"爱"，是一种狭隘的爱，我们当然希望自己有更多的独占优势。

如果你爱他，而他却不爱你，或是他爱很多人，你只是其中的一个，你可能就不那么快乐了。所以，很多人迫不及待地想知道："我爱他，可他爱我吗？"

Candy 说自己爱上了一位"大叔"。"大叔"比她大 11 岁，离过一次婚，目前单身。他和 Candy 经常聊天，可不知为何前几天"大叔"突然就不理她了，还把她的微信删掉了。这位大叔之所以让 Candy 迷恋，是因为他成熟稳重、聪明睿智，很会处事，有较成功的事业，在工作上帮过 Candy 不少忙。

我问："你喜欢'大叔'，他知道吗？"Candy 说："我对他说了，可他没什么反应。他不喜欢我吗？为什么在工作上要帮助我？为什么不接受我？为什么要把我的微信删了呢？……"

爱是两相情愿的事，单向付出的爱带给人的大多是苦恼与郁闷。我很想对 Candy 说，虽然你现在难过，或许将来你会感谢他。在某种意义上来说，他连暧昧的机会都不给你，他就是一个好人——在我看来，不爱就果断拒绝的人都是好人，好过那些给你希望又不给你结果，让你不断消耗能量的人。

暧昧是什么？东边日出西边雨，道是无晴（情）却有晴（情）。似有非有，若即若离——这就是暧昧的感觉。

"'大叔'到底爱不爱我？"可能除了 Candy 自己，谁都知道答案。拒绝一个人未必需要用冷冰冰的方式。爱或不爱，很容易就能感觉出来，只是自己不愿承认、不愿接受罢了。很多时候，别人不爱你并不能说别人伤害了你，因为谁都有爱与不爱的自由与权利；而你因为别人不爱你而纠结，反倒会自伤。

判断一个人爱不爱自己，其实并不难。我给你讲两个小段子。

## 段子 1：爱的选项

A：你爱我吗？告诉我，爱或不爱？

B：你的思维方式非黑即白。

没错，世界上很多事情都不能用简单的黑白思维来看待。除了黑色、白色，还有其他灰度。爱情也一样，除了爱、不爱，还有介于爱与不爱之间的区域。但无论怎样解释，发问者总会回到原点——你到底爱不爱我？

这个问题的选项有很多：1. 爱；2. 不太确定这是不是爱；3. 可能有一点点爱；4. 比喜欢多一点点；5. 对你不反感；6. 不爱。这 1~6 个选项从白到黑，确实存在于不同的灰度区域——这是 B 的思维方式。

对于 A 来说，她并不否认有 6 个选项存在，但在 A 的心里，1 是一个选项"爱"，2、3、4、5、6 归于另一个选项"不爱"。

A 只想知道自己是不是在核心区域，至于还存在着的那些边缘地带跟自己有什么关系呢。A 的心理应对模式只有两种，一种是应对"爱"的，一种是应对"不爱"的。所以，A 只要一个明确的答案。

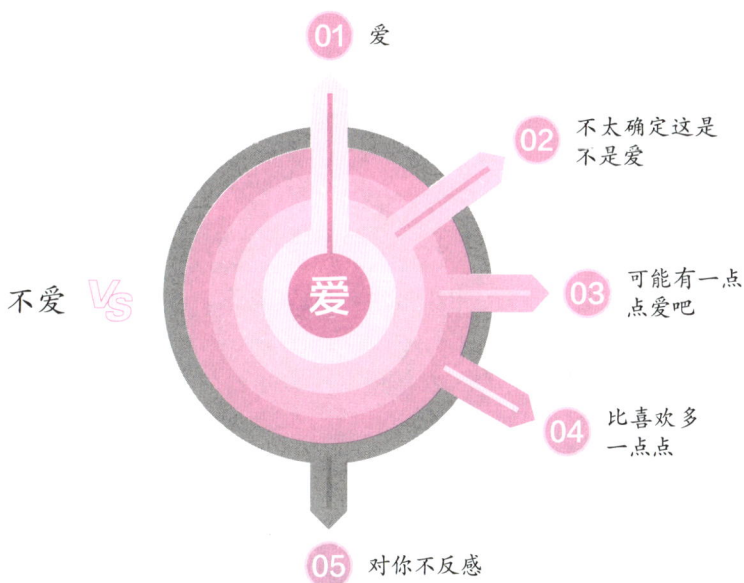

恋爱中的人容易有非黑即白的思维，这是出于人际交往中的自我价值保护原则和功利原则。如果他也爱我，我就继续爱他，如果他根本就不爱我，我也就不去想他了（死心了）。

> 只有关系明确，才不会角色混乱，知道了自己的位置也会少受伤害。

所以，一般情况下，当他对你说爱的时候，就是"爱"；而当他对你说其他答案的时候，你都可以考虑将其归于"不爱"。就像你问某人"你考了 100 分吗"，对方回答"我考了 10 分""我考了 60 分"，对方没有直接回答你的问题。他给的答案 10 分或 60 分都需要在你的头脑中加工整理，最后才得出答案"没有"。很多人在信息加工的过程中出了问题，他们的痛苦其实并不在于对方没给自己答案，而是不接受自己加工出来的结果。如果你要把 60 分等同于 100 分，误差带来的后果当然要自己承担。

当然，写到这里，少不了一个温馨提示：对方说爱，未必是真爱；对方没说爱，未必是不爱。时间会给你真实答案。

## 段子 2：有爱，必定有迎合

| 场景一 | 场景二 |
|---|---|
| A：今晚你想吃烧烤吗？ | A：今晚你想吃烧烤吗？ |
| B：哦，烧烤啊？ | B：好啊，我刚想说我们去吃烧烤呢。 |
| A：行，我知道了，我们去吃别的吧。 | A：心有灵犀。 |
| B：我没说不吃烧烤啊。 | B：安排。 |

这两个场景，没有好坏对错，也没有批判，仅仅只做比较而已。和上面那个段子一样，当一类答案没有得到时，大多数人会自动默认为另一类答案。

回到爱与不爱的问题上。当你问对方"你爱我吗"时，"呃！你怎么会问这个问题？""等我想想再回答你啊。"如果有人遇到这样的问题而问我，站在一个作者而不是心理咨询师的角度，我肯定会反问他："难道你还没'感觉'到答案吗？"

当两人刚开始相处时，判断对方是否爱你，可以根据他回复你信息的速度来判断。这话虽然有些武断，但是你不承认吗？有爱，必定会有迎合。

迎合是人们拉近距离最简单、最直接的举动。如果你正热切地爱着某人，你几乎会时刻关注他的消息，你会希望与他有更多的互动，所以他发的每一条信息都会让你迫不及待地回复，即使错过，你也会尽快向他解释，以避免误会。你不会让他体验到不舒服，那些你不急着处理的信息，只能说明你并没那么在乎此刻给你发信息的人，甚至是你想要回避的，通常你也不会太多考虑这些人的感受。

我们大致可以这样认为：一个爱你的人，至少在最初会给你非常多的关注，随时准备张开双臂等待你的投入；而当你想要拥抱他的时候，他却迟迟不张开双臂，至少说明他此刻对你的热情还不够。

# 选择退却，是因为你爱得不深

所谓真爱无敌，爱情中的双方会共同战胜困难。虽不是所有的爱情都有结果，但相爱的人会为了结果而共同努力。

如果是真爱，为什么那么多有情人不能终成眷属？我相信倘若彼此在一起的愿望足够强烈，情侣们会排除万难在一起，而若遇到一点困难就退缩，也许是因为爱得没有想象中那么深。

Lin 和一个男生的关系刚从暧昧期转为明朗期，但这个男生告诉她，父母不同意他们在一起，主要原因是不希望未来儿媳妇比儿子年龄大。其实 Lin 只比这个男生大两个月而已。

男生说："我父母要见你！"但这不是通常意义的"见家长"，而是让男生的父母先看看 Lin。父母总是希望孩子们过得好，但他们通常会用自己的标准来衡量子女的恋爱对象。太瘦、太穷、年龄太大、太老实、太不会说话……通常都是他们反对的理由。这一点可以理解，但那又怎样？

Lin 对这个男生一往情深，想方设法为男生辩护："他从小到大都听父母的话，所以这次也不敢违逆，不想让父母不高兴……"她想，他的父母还没见到自己就反对，可能是对自己不够了解，正好借此机会在他们面前表现一下，让他们看到自己的优点。

Lin 还是去了，可约好的那天，男生的父母突然有事要出门。约会临时改到了第二天。

几天后，我问 Lin："后来呢？"她苦笑着回答："后来……就没有后来了。"

这个男生的逻辑在我看来很幼稚：你先见见我的父母，如果他们同意，我们就在一起；如果他们不同意，趁我们还没投入多少，早点分开，彼此都不会太受伤。

难道，这是一场纯理性、纯守孝道的恋爱吗？

在 Lin 的这个小故事中，有很多问题。

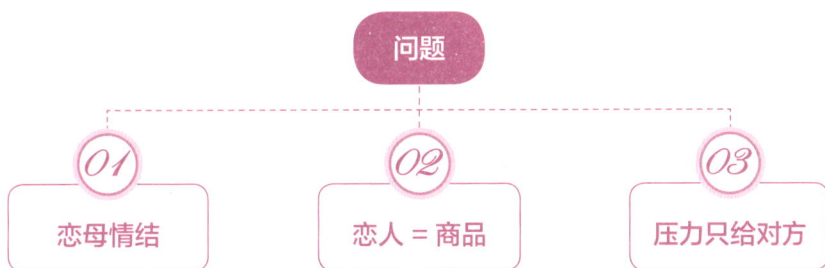

问题

| 01 | 02 | 03 |
|---|---|---|
| 恋母情结 | 恋人 = 商品 | 压力只给对方 |

首先，假设这是一个恋母情结严重的男生，那么要怎样与之相处呢？要怎样与他母亲相处呢？

"我的妈妈不喜欢你，所以我不能和你在一起！"这是一句隐藏得很深但又很真实的潜台词。如果什么事情都要对方的妈妈做主，你们的关系将会有多少阻碍！况且，孩子的恋母情结一般都可归因于母亲的恋子情结，一旦妈妈觉得自己在与儿子、儿媳这个三角关系中的地位受到威胁，就不会给你好脸色看。

其次，只是以"听妈妈的话"作为幌子，来拒绝对方。"我妈说我还小……""我爸觉得我们不合适……"这也没什么不好，不爱就拒绝是可以理解的，但恋爱时对待恋人就像在菜市场挑白菜一样的男生，要怎样跟他们谈平等和尊重呢？

"我的家人想见你，看中了你就留下，没看中你就回去。"即使面对这样的态度，Lin 对他们的约会仍是那么看重，而他和家人却那样随意。任何一个对恋人心甘情愿，招之即来挥之即去的人，一定是深爱对方的人，但是爱的卑微总会因为爱的新鲜感消退而受伤害。

最后，我们也可以假设这个男生是爱 Lin 的，但还没开始相处，就将所有压力让 Lin 一个人扛着的男生，要怎样与之生活而免受伤害呢？

当两个人的感情不被看好，不受祝福，甚至是受到阻挠的时候，来自身边的压力应该共同面对。共同度过危难的情感往往更加牢固。

当爱情遭到家人反对时，有一些人看似在极力维护这段爱情，甚至很明确地告诉对方："你看，我的父母都反对我们在一起，我为了你跟他们都决裂了。"他会让你感到内疚，让你的内心产生负罪感。

我不了解 Lin 和男友相识、相恋的整个过程。也许在这个男生身上，以上问题都不存在，只是他爱得没那么投入。

深爱的人，可以试着双方形成合力与父母"抗争"，努力在父母面前说对方的好话，尽力促成好事。如果把"父母不同意"的问题丢给另

becoming a woman with inner strength

　　被爱的人不应该产生由对方施加的愧疚体验。你需要清楚的是，他为了你与父母决裂是他自己的选择，他认为跟你在一起比听他父母的话更舒服，所以他心甘情愿地选择了你。

——做一个内心强大的女

一个人独自去解决，自己却躲在父母身后坐等结果，是一种不负责任的表现。

　　一般来说，爱得越深，"在一起"的欲望会越强烈，有阻挠也会有坚持。退却的人，只是不够爱，或不够勇敢。

　　我很理解，爱一个人时自己便会不由自主地低到尘埃里。从长远来看，Lin 这次没有结果的爱情也许是最好的结果。爱情中有妥协，也有坚守。无论有多爱，都有必要坚守自己的高度，当你的姿态低到尘埃里，只会让人更加看不到你，最终可能连你自己都找不到自己了。

# 凡事争对错，只会让感情冷得更快

随着时间的推移、激情的消退，爱情会逐渐失去热度，矛盾会逐渐显露出来。这时候最不明智的做法是彼此争对错，这样只会让感情冷得更快。

女人和伴侣吵架后，总是希望对方来哄自己开心，以得意于对方对自己的紧张。一个人越是紧张另一个人，另一个人越是得意于对方的紧张，因为从对方的紧张程度，可以大致判断出他对自己的在意程度。所以，那些懂得"怜香惜玉""嘘寒问暖"的"暖男"们更深得女人们的喜爱。

但是，倘若有一天，你们之间发生了一件小事（事情没有对错，也许就是一个小误会），你生气了，你认为他应该为此主动哄你开心，可他并没有这样做，接下来会怎样呢？你会主动向对方求和吗？如果对方还没主动联系你，你又特别想念他，你会先联系他吗？

**有三个选项**

A 无论怎样都要等他过来哄我，不然就冷战。

B 先等他过来哄我，实在不行我再找他，不能冷战。

C 无所谓，我会主动跟他说。

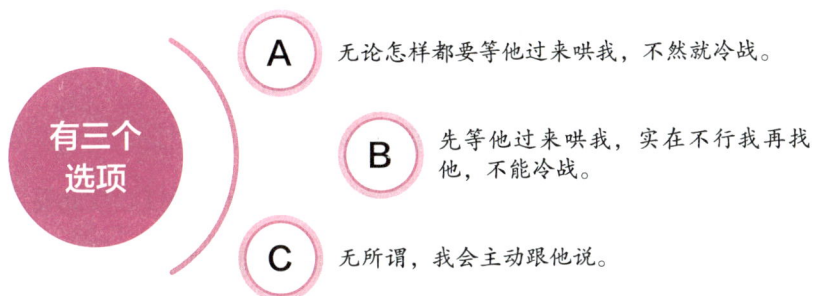

不同的选择反映不同的处世态度，不同的处世态度当然会形成不同的人际关系。如果换个角度，你愿意与选择哪种答案的人交往呢？总之，从这个答案的选择中，能很容易推断出一个人的包容度。

生活中，很多女性和伴侣闹矛盾后，必须对方先开口言和才行，她们宁愿无止境地冷战下去也绝不主动和对方说一句话。在她们的思维中，谁先主动说话就意味着谁在妥协、谁在主动认错。这似乎有那么点道理。自古以来，似乎就是谁犯错谁认错。

我经常听到一些女性说自己婚姻不幸。当问起两人状态时，回答"已经好几个月没说话了"。每次我都会瞪大眼睛——这是怎么做到的？

每天生活在同一个屋檐下，在同一口锅里盛饭的夫妻，居然几个月不说话，身体没有任何接触，还能"和谐"（没有吵闹）地生活下去。长期生活在这样的氛围中，该有多么压抑。没有温暖的家不叫家，叫冰窟。

becoming a woman with inner strength

"他不认错，我是绝不会妥协的，又不是我的错！"——就是这样的"信念"一直支撑着受伤的女人们将冷战进行到底。

做一个内心强大的女

对方要是性格好一点，有点耐心，事情很快就会过去。倘若你碰上的也是一个倔强、内向之人，就很容易陷入僵局。

接下来我们来看看对方为什么不主动开口认错。

首先，对方不一定认为都是自己的错，他可能也不甘心就此妥协。矛盾到底是如何产生的，需要双方的沟通，而不是对峙。不同的人对同一件事会有不同的看法。

比如，有一位妻子因为丈夫瞒着自己给公婆钱而大吵，最后冷战。她认为丈夫没有把她当一家人，不应该瞒着自己给公婆钱；而丈夫则认为，在经济上支持年老的父母是天经地义的事情，没什么可说的，何况钱是他自己挣来的。俗话说"清官难断家务事"，像这种公说公有理，婆说婆有理的事，有几个人能把它说明白了？

其次，对方的耐心可能早已在高频发生的同类事件中被消磨殆尽。除非你能保证自己一辈子都能把对方迷得神魂颠倒，否则就不要指望这一辈子，无论何事都是对方主动低头认错。很多女性习惯了丈夫追求自己时的享受模式，凡事不管大小，丈夫永远是错的，她永远是对的，岂料随着时光的流逝，丈夫的这种迎合度越来越低，她就无法接受。

最后，也是最糟糕的一点，对方觉得就这样不说话，耳根子清净，挺好。久而久之，这种清净的状态变成常态，两人之间没有任何互动，就像一潭不流动的死水，最终发臭。夫妻不知何时变成室友，进而变成路人，甚至仇人。

曾有一位女同学因为丈夫撒谎被自己揭穿而和丈夫冷战一个月。她说："我不可能这么轻易原谅他，他做了错事就要受到惩罚。我是不会主动找他的！"她没有意识到，在"惩罚"对方的时候，自己也是不自在、不快乐的。

婚姻是两个人的，一个人犯错，让婚姻受惩其实是不公平的，更何况追根到底是谁的错也未知。对这个女同学而言，这一个月承载了冷漠与厌烦，就不可能承载热情与快乐。不管谁对谁错，当情况陷入僵局时，早点打破这种非正常的相处模式，有什么不好吗？事实上，说抱歉的人不一定就是犯错的人，更能说明他希望早点结束不愉快。

同一件事，每个人的应对方式不一样，有的人生气时会马上爆发，把事情说清楚、讲明白；而有的人则愿意一个人静静地待着，什么也不说，让自己缓冲（而不是冷战）一下。我属于后者。

受情绪支配时，我会一时无语，不知道该说什么，怎么说。我会给自己一段时间调整情绪和思路，但绝不会因为某事而把某人彻底屏蔽掉。而且我真的不认为谁先开口说话有多重要。虽然这听起来有点"难为"自己，但能很快改善彼此的关系，将自己从不开心的状态中快速转移出来。

记得有一次，我和先生闹矛盾，争论时互不相让，都认为对方不可理喻。争论结束后，他就拖着行李箱出差了。在矛盾中我们一天都没有联系彼此，我怎么都觉得有些别扭，于是拨通了他的电话。我居然鬼使神差地说："我有点想你。"这句话是我当时真实的感受，但那时说出来又觉得有些言不由衷（我不想他就不会给他打电话了，但打电话不是因为我想他）。他听到后开始有些诧异，在"战地"闻到花香，当然出乎意料，然后就发出了"呵呵"的笑声，我们像什么都没发生一样，很自然地开了几个玩笑，一切回归正常。

矛盾之后先言和之人，并不是先妥协之人，而是更大气之人。

# 因为太爱你，所以不娶你

当你拥有了细水长流的婚姻时，也许就失去了热恋中爆发式的激情；当你拥有了熟悉感时，也许就会失去神秘感。接纳你所失去的，享受你所拥有的。

我在众多读者中做过一个关于爱的小调查。

女孩 Ann 与男生 Bill 是一对恋人，他们彼此感觉非常不错。然而，突然有一天，Bill 对 Ann 说："因为太爱你了，所以我不能娶你。"

此刻，如果你是 Ann，当听到对方这样说，会有怎样的反应？假设你是 Bill，你对对方这样说，又会是出于什么原因呢？

在回复我的读者中女性居多，大致来说有三种声音。

大多数人对 Bill 的话不理解，也就是不相信 Bill 爱 Ann。她们回复，"果断离开他""让他马上从我的生活中消失""我一定很失望""甩给对方两个耳光，然后潇洒地离去，最终自己默默地躲在洗手间哭泣"等。

有一句话说"任何不以结婚为目的的恋爱都是耍流氓"。依此，Bill 就是"耍流氓"！承诺是爱情的三要素之一（美国心理学家斯滕伯格认为，爱情由三个基本成分组成，激情、亲密和承诺）。恋爱中的双方会本能地想要维护这种关系，让其得以持续。所以如"天荒地老""海枯石烂"这样美好的词汇就产生了。因为爱，所以"要"在一起。

爱她，想与她长相厮守都来不及，怎么会以此为理由不娶她呢？如果有人这样对我说，我会毫不犹豫地大骂他。不爱就不爱，还拿这种理由敷衍我，我不能接受。

唯有一位女性读者这样回复：如果我的恋人对我说这样的话，我想他一定是有什么原因，如果他说出来，我愿意和他一起承担；如果他不说，我愿意一直守护……

假如我不是出题者，我想当我猛然看到这个回复时，我一定会感到汗颜。从这个回复中可以看出这个读者对恋人的信任，在对待问题时的理性，但这种理性又有几个人能在突如其来的拒绝或打击中产生呢？

爱得好好的两个人，突然有一个人做出了违背常理的决定，另一个听到后第一反应是愤怒、伤心、回避，冲动地做出任何行为都可以理解，但若信任对方，相信彼此的情感，也一定会理解对方所说的每一句话，所以这位读者继续说："相信他做任何决定都是为了我好，不舍得伤害我。"

因为太爱你，所以不娶你——我相信这种情况在生活中存在，但很少。如果这个逻辑成立的话，排除一种保护女孩的可能，比如男孩身患重病，或自觉与女孩在一起会影响女孩的发展，认为两人的感情不适合走入婚姻等因素，而压抑自己的情感（前面说的让自己深爱的花朵在众人面前美丽绽放，任人观赏、碰触而掩饰自己的醋意），也不得不承认，真的还剩下一种可能——让爱延续。

这就是第三类答复："我是 Ann 的话，我会说，因为太爱你，所以不嫁你。"开始看到这个回复时，我以为回复者是"以其人之道还治其人之身"。她却回答不是："也许 Bill 跟 Ann 都明白，拥有就是失去的开始。"拥有就是失去的开始——如果不考虑 Bill 的动机，单从这句话来看是有道理的。随着时间的流逝，爱情中的激情也会逐渐消失。现在沉浸在浪漫激情中的情侣们，很难让激情一直持续下去。

爱情中的人，彼此的身体被对方唤醒，如脉搏加快、呼吸急促会增加激情，但人们不可能永远保持紧张的激动状态。

— becoming a woman with inner strength —

就浪漫的爱情而言，当恋人变得熟悉时，大脑可能根本无法产生足够的多巴胺，所以即使你的恋人一如既往的完美，你也不能同样地被唤起。

做一个内心强大的女

对爱的理解会影响人们的生活。如果我问你，爱的感觉是怎样的，你也许会回答：爱是一种怦然心动的感觉，是一种就要跟他在一起的倔强，是一种想要独占他的欲望……没错，这都是爱的感觉，但爱远不止这些。很多人把爱情中的激情成分等同于爱。一旦激情没有了，就认为爱也没有了——这是一种多么残忍的想法。

激情是爱情中很重要的一个因素，很多恋人因为激情的消退而分手，但激情消失后，爱情就真的没有了吗？婚姻就注定是爱情的终结者吗？我们看到两位手牵手的老人在黄昏下漫步时，他们有爱吗？如果说爱情可以持续终生，那一定是相伴之爱。相伴之爱并不依赖于激情，所以更加稳定。它以深情的友谊为基础，包括相伴相随，有共同的爱好，相互关注，一起欢笑。

在时间的流逝中，关系良好的夫妻早已有了相伴的默契，在这种爱中，虽然生活平淡，但他们的感受更加丰富，能体验更多的稳定感与安全感。爱人之间有各自的空间，但又是最亲近的朋友。我的一位 40 多岁的朋友对他结婚多年的妻子很赞赏，老是念叨，陪伴是最大的爱！

一位朋友跟我说了一个很有意义的观点：爱情也遵循"能量守恒"。两人在一起的爱情总量值是固定的，就看多长时间会消耗完。激情程度和时间长短互为消长。"昙花一现"和"细水长流"分别是两个极端。我觉得很有道理。

## 爱情三角理论

真正的爱情是怎样的？不同的人有不同的感受，同一个人在爱的不同阶段也会有不同的感受，所以很难说清楚。

美国著名心理学家斯滕伯格提出了"爱情三角理论"，让我们较客观地认识爱情。他认为爱情由三个基本成分组成：亲密、激情和承诺。只有这三种元素都存在，才是完美的爱。

亲密，是指两个人在一起时，相互关心，有种舒适、愉悦的感觉。如果感情中只有这一元素，那么就是"喜欢"。

激情，是爱情中的性欲成分，包括身体上的吸引，强烈地想与对方在一起。如果感情中只有这一元素，就是迷恋。

承诺，是为了维持关系而做出的一种答应或担保的行为。有承诺的爱更容易走向婚姻，但如果感情中只有这一元素，那这种爱是空洞的爱。

感情中，如果只有亲密和激情，那就是浪漫的爱；如果只有亲密和承诺，那就是同伴式的爱；如果只有激情和承诺，那就是虚幻的爱。

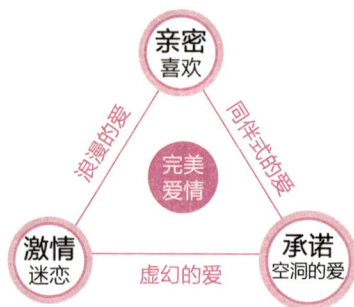

# 02

## 相处，
## 爱得不够还是性格不合

"即使你不是最好的，却是我要珍惜一辈子的，只是我不懂得如何去珍惜。"

相爱却不会相处，是爱的最大悲哀。

# 别让性格不合成为"背锅侠"

性格不合，也许只是夫妻矛盾的"背锅侠"。其实，"性格不合"的背后隐藏着自己不经意转变的感觉和态度。

一起生活之后，幸福的日子从此就来临了吗？

婚姻给人的幸福感一般在最初几年最明显，随之逐渐变弱。因为两人从恋爱到结婚，从此生活由"谈恋爱模式"切换到了"过日子模式"。慢慢地，问题就来了。

性格不合，在分手理由中应该列为榜首了。它简单、容易解释，重要的是能堂而皇之地掩盖很多说不出口、不愿意说出口和懒得说出口的真实情况。人们之间的性格是怎样从"合"到"不合"的呢？

曾有一位女性说和丈夫性格不合，经常为了一些小事吵架，她实在不能勉强下去了，烦透了。她举了个例子，说自己在厨房炒菜，让他剥一头蒜，菜都出锅了，而他还赖在沙发上没起来。

我：你们谈恋爱时，他也这样吗？

她：是。

我：那时你怎么能接受他呢？

她：（想了想）那时候没意识到这也是个问题。

我：也许那时候你爱他多一点，所以你能接受。有没有可能后来你没那么爱他了，所以不能接受？

她：（想了一下，然后拼命地点头）有道理！

如果她能接纳他的话，她不会说彼此性格不合，即使她在厨房炒菜，他躺在沙发上玩手机，她也不会觉得有什么不对。她完全可以两刀一拍自己就把蒜剥了，然后美滋滋地把爱心美食送到他的嘴边。这其实是个归因问题。

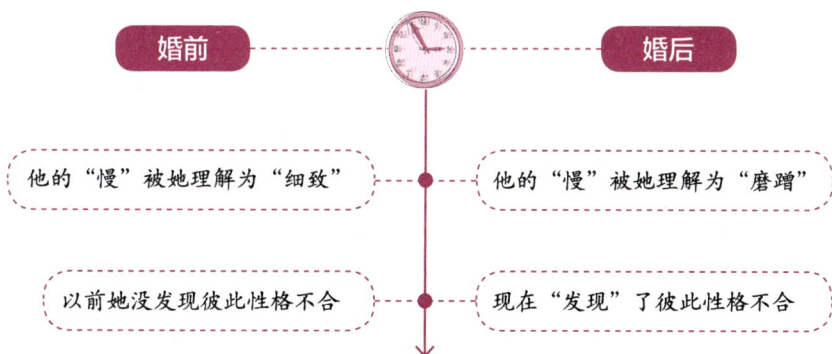

| 婚前 | 婚后 |
|------|------|
| 他的"慢"被她理解为"细致" | 他的"慢"被她理解为"磨蹭" |
| 以前她没发现彼此性格不合 | 现在"发现"了彼此性格不合 |

当我们热烈地爱着一个人的时候，一切都会往好的方面解释，而不那么热爱的时候，就会刻意往不好的地方解释。也就是说，当你对对方满意的时候，一切都是合拍的，那些不合拍的地方，也被你自动地接纳、迁就和容忍了，而这些微妙的变化连你自己都意识不到。

当不够爱一个人的时候，人们往往会更多关注他身上那些不好的地方和变化，而忽视自身的变化。

生活中，我们见过类似这样的场景：一个女孩被一个男孩追求，男孩为她写情歌，每天都抱着吉他在她宿舍楼下唱歌。男孩的行为让女孩的室友们个个感动万分，但女孩却说这个男孩"有病"。显然，这个男孩不是她喜欢的人，否则她会特别感动，并用心接受。可见，同一件事，我们的态度如何取决于爱、不那么爱、很爱。

当爱的激情退却后，不是他没那么爱你了，而是你们彼此都没那么爱了。比如，很多女性抱怨丈夫没以前那么爱自己了。此时，如果自我觉察能力好的话，可以反思一下自己，注意自己是否早已暴露出了"不爱的痕迹"，是否自己对丈夫也有不耐烦的时候？是否不再维护自己在丈夫心中的形象？是否把注意力都放在了孩子身上？

有时候，你觉得你们性格不合，未必是真的不合。本来人与人之间的差异就很大，或急躁、或沉稳、或开朗、或内向……而且两个大脑对信息的加工方式也不一样，有差异当然会有分歧，即使那些琴瑟和鸣的夫妻也只是相对而言的。

我并不排除因为性格不合导致日子过不下去的夫妻，但"性格不合"这个词确实会误导很多人。不要把着眼点放在性格不合上，越是这样暗示自己，越会对对方不满，越对感情没有信心。不如多提醒自己，你们的感情是否需要再加点爱，因为只要有爱，一切都好说。

# 现在你喜欢的，也许是将来你憎恨的

你的想法、观念和态度会随着自己的需求和经历而改变。事情本身没有对错，只是现在的你不再是当初的你。事物没有变，变的是心境。

人为什么会变？为什么曾经深爱的人会变成陌生人？为什么现在你看到的他完全不是当年的他？问题究竟出在哪里？

Caro 30 岁时嫁给了她的高中同学。这位男士为人厚道，而且有很强的工作能力，关键还对她非常热心、体贴，什么事情都让着她、宠着她。她对这位姗姗来迟的白马王子相当满意。她曾坚定地告诉我，这就是她命中的缘分。

几年后，一次朋友聚会，我又碰到了她。她说丈夫与朋友合伙开了一家公司，别人投资金，他投技术，而且他有绝对的优势，但他一点都不懂得争取自己的利益，什么好处都让别人占了。他窝囊、没用……要是他强势一点的话，他们的日子要比现在舒服多了……

丈夫的个性及为人处世的风格没有变，但她对他的评价却发生了天大的变化。以前他在她眼里的那些优点，现在统统变成了缺点，他的厚道、谦让变成了窝囊、无能。

当然，这不是女性独有的特点，男性也会如此。有一位男士说很不喜欢妻子胆小、盲从，什么事都为别人着想，而不顾自己的家人。

事实上，七年前他在最无助、最失落的境况下遇到了善解人意、万事都替他着想的妻子。他现在所讨厌的，正是当初自己被吸引的点。她没变，变的是他的心态和要求。

becoming a woman with inner strength

生活中，很多褒义词和贬义词，表达的意思几乎一样，但因人们的期待不一样而有了褒贬之分。

做一个内心强大的女

懦弱——善良、谨慎——胆小、精明——奸诈、大方——挥霍、谦让——无能……细细想想，这些词之间是否有微妙的关系？人们的立场不一样，褒贬就不一样。

恋爱的时候，对方身上什么都是好的。恨丈夫乱花钱的妻子，可能正是因为婚前看中了丈夫的慷慨大方而以身相许；讨厌妻子心直口快的丈夫，可能正因为婚前看中了妻子的坦诚大方而倾心于她。

有的男生前一秒还在享受女朋友对自己依赖的感觉，可下一秒就认为女朋友应该独立自主，凡事自己拿主意。他们一方面觉得女朋友应该单纯一点，一旦女朋友在外面受骗，又大骂女朋友没长脑子。

人的气质、品性具有稳定性，而且人们也无时无刻不在维护着自己的态度和行为上的一致性。丈夫不能期望妻子对自己温柔体贴，而对别的男人蛮横霸道；妻子不能期望丈夫在自己面前老实本分，而在别的女人面前世俗势利；丈夫不能期望妻子在自己面前充满女人味，而在别的男人面前是个"女汉子"；妻子不能期望丈夫在自己面前幽默风趣，而在别的女人面前沉闷乏味……

人们的角色和位置也影响着彼此的评价。恋爱的时候，恋人间会心甘情愿地为对方付出，对方给了一点点，你都觉得应该珍惜，甚至受宠若惊。当生活在一起，你的付出越来越多，却也开始计较回报的多少，当对方的付出没达到你的预期时，你就容易不满意，并满腹抱怨。

有一位女性跟我抱怨丈夫每天玩游戏而不管家务，让她非常苦恼。我在询问中得知他们几年前在游戏中认识，当时在游戏中女孩觉得对方很讲义气，很豪爽，人也诚实，就认他当了师父。他经常领着她练级，慢慢地，他们就有了感情，然后就结婚了。

说到底，不是他变了，而是环境变了，角色变了。妻子对丈夫不满，不是丈夫哪里做错了，而是妻子的要求提高了，生活对他们的要求提高了。她认为丈夫结婚了就不应该再玩游戏，或许丈夫认为电脑游戏是他一辈子的兴趣。

有读者问我："嫁人的话，要看重物质条件吗？还是对方老实本分、对自己好最重要？"这个问题我给不出答案。我们做出的很多选择或许只能保证当下的满意，无法保障今后。你现在喜欢的，也许是将来你所憎恨的；你现在憎恨的，也许是你曾经深爱过的。

## 没有给你，是因为他没有

不要企图从乞丐那里得到物质财富；不要企图从忧伤的人那里获得快乐；不要强求别人没有的东西。没有给你，也许并不是他不爱你，而是因为他没有。

他没有达到你的期望，没有满足你的需求，有时候并不是他不想满足你，而是他真的无法满足你。我相信，但凡自己手中拥有，当爱人需要的时候，我们都会给予。

两个乞丐为何要为碗里的剩饭打得头破血流？但凡他们不缺，也不会拼命去抢。有时候我们给不了彼此，并不是不愿意给，而是因为自己没有。可惜世间很多人总为自己没有得到而耿耿于怀，质疑、不满、难过也因此而产生。

becoming a woman with inner strength

不要企图从一个贫穷者那里得到物质财富，从一个初出茅庐的人那里得到人生经验，从一个自卑的人那里得到自信。

做一个内心强大的女人

你希望从对方那里获得的东西，首先要看看他有没有，倘若没有，就没必要纠结于此。

你若真的爱他，就耐心地等待，等他拥有的时候再给你，那时候不仅你能感受到他的爱，他也能获得满足你之后的满足感。你若不愿等待，注定会给他施加压力，你的急躁会影响到他。这同样也是在给自己压力，因为你施加给他的一切最终都会反弹到你自己身上。糟糕的是，人们往往看不到这一点，一心只想着自己快点得到，或是怀疑对方不够爱自己，或是责备对方无能，而不去理解对方的苦衷。

Dony 的烦恼是，丈夫 Ohm 总是挑剔她。本来来自农村的她生活在这个大城市，跟身边的朋友们相比就已经自惭形秽了。丈夫还总说她不会穿衣打扮、工作能力差、朋友圈子窄等，丈夫的打击让她更加不自信了。

"你凭什么挑剔我！你又何德何能，凭什么看不上我！"Dony 有时候也愤愤不平地这样想。

其实，在自己的心中，她并不像 Ohm 说的那样一无是处。她的工作很有创造性，虽然她也经常迷茫，但她骨子里有着一种闯劲，而且自尊心超强的她也不愿意服输，她的工作也经常能带给她喜悦感和成就感。

同事和朋友们也经常夸赞她，而她却从未从 Ohm 身上得到过肯定。

给她鼓励和帮助最多的是他的领导 Jim，Jim 就像个心理医生一样，在她最迷茫的时候给她信心，安慰她，为她分析当前的境况，帮助她规划今后的工作道路。无论她自己感觉多么糟糕，他总是微笑着鼓励她："我看好你！你要相信自己！"当她遇到棘手的问题时，他绝不会像 Ohm 一样说她那么笨，而是首先让她平静下来，然后想一些行之有效的解决方法。他还会用自己年轻时候的经历来现身说法。Jim 让她获得了自信，变得从容淡定，她的能力也不断提高。

她经常暗暗拿 Jim 和 Ohm 比较。人跟人差距怎么那么大呢？肯定和鼓励一个人有那么难吗？ Ohm 不光不给予自己，反而还要把她身上的那点自信都夺走。

后来有一件事，让 Dony 的想法改变了，他开始谅解 Ohm。

那是一个新年的前夕，Ohm 的心情非常好，这一年他的业绩很不错，年终时得了一大笔奖金，而且职位即将面临提升。他周末拉着 Dony 去逛商场，他要给她买新年礼物。

漂亮的衣服往往价格不菲，Dony 根本不敢试穿。她愿意试穿的那些，Ohm 不是说老气，就是说不适合她的身材。最终 Ohm 挑了一件深蓝色的毛呢大衣递给她。这件衣服的价格差不多是她衣柜里所有衣服价格的总和了。

这件名牌衣服就像专门为她量身定做的一样，穿上它后，她整个人的气质都变了。Ohm 像看天仙一样看着她，最后执意将衣服买下来，说这件衣服显档次，更能显出她的身材——这是他第一次赞美她的身材。

这时，她突然意识到，Ohm 给予她的时候，他是快乐的。以前他没给她并不是他不愿意，而是他没有。只有当他自己足够富有的时候，他才会给她物质上的满足；只有当他有足够自信的时候，他才会给她赞美。当她缺乏自信，工作上迷茫的时候，没准儿 Ohm 也正为自己的工作焦头烂额，又怎么顾得上她？倘若让 Jim 回到当初他没有现在这些成就和心境的时候，他也未必会像现在这样给 Dony 这些。她开始深深地理解 Ohm。

这些年来她一直纠结的问题仿佛突然找到了答案，Ohm 一直吝于赞美自己，是因为他自己也很少得到赞美。他的心中本来就缺乏赞美，怎么会去赞美别人？

然而，她自己不也是这样吗？她很希望从 Ohm 那里获得认可、信心和赞美，也源于她自己正缺乏这些。回想起自己与 Ohm 相处的这些年，又何曾主动赞美和夸奖过他？

原来，给没给与爱不爱，有时真的不能画等号。

# 创造爱，而不是一直消耗爱

爱不是消耗彼此，而是两个人一起变得更好。贬低和打击引起的怨恨可能是最大的消耗，而赞美会创造出更多的爱。

俗世中，爱一个人，并不一定会让对方感到舒服，有时反而会让其感到难受。爱是一种狭义的情感，一个人所做的一切都是围绕自己的感觉体验而进行的。当然，这是一种不成熟（或不恰当）的爱的体现。就好比学生时期，男生总是捉弄喜欢的女生。男生其实是为了在女生面前表现自己，引起女生的注意。在成年时期的爱情和婚姻中，这种表达方式也非常常见，不是不爱，只是方式不对。

要想得到对方的肯定，请先主动肯定对方；要想得到对方的爱，请先主动示爱。这不是心灵鸡汤式的安慰，而是一种处世方式。

需要记住，每个人都在寻求肯定，每一个生命来到这个世界上，都是为了寻找自己存在的意义，希望自己是有价值的，所以都力图得到更

becoming a woman with inner strength

　　"爱"若与"肯定"和"建设性的批评"并存，才会让人舒服。这样的爱会牢固，会持续更长。

多人的接纳、肯定和支持。

　　有一对夫妻，妻子总觉得丈夫身上有不少缺点。性情温和的丈夫很少与她针锋相对，而是默默地等待她发落，要不然就避开她的唠叨。

　　打击别人，有时候确实可以显得自己高明。这位丈夫一直处于防守状态就不可能主动进攻了，因而妻子的缺点也不会轻易地被丈夫拿出来说事，即使被他拿出来了，她也可以用他的那些缺点与对方抗衡，至少能和他打个平手。

　　妻子一直传递给丈夫的信息是，他无能、懦弱、没进取心，而丈夫的任务就是解释或证明自己并非如此（也可能到最后他懒得向她解释或证明，彼此无话可说）。丈夫一直得不到她的肯定，她也没有从丈夫那里得到一些温柔、贴心的情话。

　　只有在缺爱的环境中，双方才会抢夺爱。如果双方都在消耗爱，而不去创造爱，婚姻中的夺爱大战就会一直持续。

　　这位妻子对丈夫如此恨铁不成钢，其实她自己又有多优秀呢？真的是丈夫配不上她吗？未

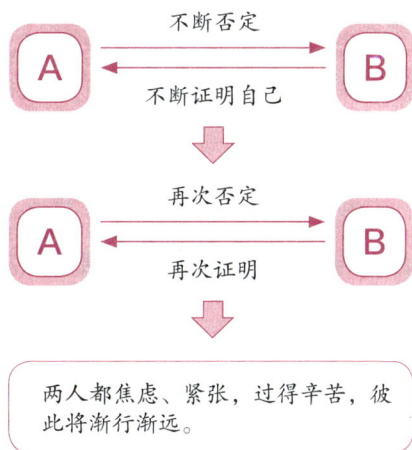

不断否定

A　←　B

不断证明自己

再次否定

A　→　B

再次证明

两人都焦虑、紧张，过得辛苦，彼此将渐行渐远。

35

必。很多女性结婚后上进心陡增，只不过这种上进心都用在了丈夫身上。很多时候，她们把丈夫逼得步步高升，自己却始终原地打转，而这种逐渐增大的差距最终又反过来造成她们的焦虑。

所以，挑剔别人不如多挑剔自己。挑剔和打击一定会影响彼此的情感。我们都愿意和充满正能量，能带给自己力量和希望的人在一起，而那些整天挑三拣四，满腹抱怨的人，我们会不由自主地远离。你应该知道，只有一个真正开心的人才会带给你快乐；只有一个真正自信的人才会带给你信心。

有一个很常见的现象，如果一个人主动对另一个人说："你今天看起来很精神呀！"另一个人也会回复："你也不错呀！"同样，如果一个人主动对别人说："你这个人太差劲了！总是迟到！"他得到的反馈大多也是负面的："你也好不到哪里去，还说我！哼！"

人际关系中的相处原则很多都可以搬到亲密关系中，但正是因为亲密，所以双方都忽略了很多细节。

天天生活在一起的夫妻，其实更在意对方对自己的正面评价，而承受不了像老朋友那样的戏言。比如上面的对话，老朋友可能会回复："就是，谁像你呀！邋里邋遢！"老朋友之间越相互打击，越显得关系亲密，而夫妻之间这种戏言有可能会被当真，进而影响到彼此的关系。

事实证明，彼此欣赏的爱人，关系会更加稳固。强化对方的优点会让对方变得更加积极，而强化对方的缺点只会让对方更加消极。亲密关系中的两人既是一个利益共同体，同时也是两个不同的个体，有各自的自尊心，有各自的需求要满足。如果想要从对方那里得到什么，首先请给予对方什么。

# 你为什么总是被挑剔

当发现你有缺点时，对方会感到自己更优秀、更完美。这种自我优越感也许只是为了缓解他的不安，并不是你真的有多么不好。

"他为什么总喜欢否定我？""我为什么感受不到他的爱？"理想的亲密关系大多是彼此接纳、相互欣赏的。在一个充满鄙视和责难的气氛中，你能想象会过得有多么不愉快。

Sandy 总是被丈夫挑剔和责骂，她说：

"每当我做错了事，他都会骂我，而且骂到我一文不值。大多都是一些小问题，又不是什么弥天大祸，不可收拾。我知道自己错了，可是只要他好好说，我会道歉，然后想办法解决，可他就是对我非常严格。每吵一次，我对他的厌恶感就增加一些。只要他在，我的日子就提心吊胆，怕自己又会做错什么被他骂。有时候，我越小心翼翼，越害怕犯错，错的概率就越大。在他的人生中就只有对和错。爱情里也一样，只要他认为是错的，你就是错了，怎么解释也是白费。现在我真的很想离开他。我怀疑我们彼此是否还有爱。"

我非常理解 Sandy，我们每个人都不喜欢被别人否定，特别是被自己在乎的人一再否定。有意思的是，我身边很多女性朋友都遇到了这样的问题，她们和朋友相处得很好，很自信，可是在家中无论怎么做都不能让丈夫满意。我有一位女性朋友工作出色，气质好，情商高，追捧者也多，可她一回到家中就被丈夫贬低得一文不值，这种心理落差实在太大。问题究竟出在了哪里？

第一，也许在生活中，我们真的需要改变自己的一些做事习惯、做事方式等。先让所有的情绪归零，然后冷静客观地想想对方的批评是否有道理，自己是否真的可以改进。虽然我们都不喜欢被批评、抱怨和责骂，但正是这些负面的东西加快了我们优化自己的进程。

可是，为什么别人都说你好，就他说你不好呢？和朋友相处时，朋友看到的大多是你刻意展示出来的一面，而和丈夫相处，他看到的却是全方位的你。在朋友面前你可能会展现出优美的坐姿，一颦一笑都有分寸，可在丈夫面前，你可能经常披头散发地躺在沙发上抠鼻孔。所以，客观地说，丈夫对你的评价可能更真实。

第二，有时候一个人打击另一个人，并不是对方做得有多么不好，而纯粹是一种自我保护方式。

**人们保持心理优势的两种方法**

强化自己的优点
自己向上走

强化别人的缺点
把别人踩下去

通过打击对方，让对方感觉到不如自己，这样就能具有很好的心理优势。同时，打击别人的人并不是真的看不上别人，而是不愿意失去对别人的控制。当他承认别人比自己好时，就意味着他要承担别人因嫌弃自己而疏远自己的风险，所以他会先发制人，而当他说出别人的缺点时，他的比较压力就会变小，自我感觉也会更好。

当你遭到别人的挑剔，也许并不是你的问题，可能是对方的问题。这也是前面说的，他没给你，并不是他不想给你，而是他真的没有。他连对自己的信心和赞美都没有，又何来信心和赞美给你呢？

becoming a woman with inner strength

当一个人总是挑剔对方的时候，这个人也许是在挑剔他自己。

— 做一个内心强大的女

他对你要求高，可能是因为他自己从小在高要求的环境中长大，达不到自己的要求就会急躁。他对自己的现状不满，但是又没有发现改进的途径，只能通过其他的渠道把这种不满发泄出来。后来了解到，Sandy就属于这种情况，丈夫的家庭条件并不好，父母经常需要他的经济支持，而且他自己的事业刚刚起步，他们结婚后开了一家店铺，生意并不好，Sandy一出错，他就很急躁，他总把他的急躁带给她，把他对现状的不满投射到了她身上。他骂Sandy的目的其实是为了缓解他自身的压力。

# 我那么爱你，为什么你不爱我

你期待用自己的给予交换别人的给予。当交换不对等时，就会有失落或怨恨。对别人来说，给不给予只是一种选择，而不是对等的义务。

我们经常说，两人相爱，谁爱得多一点，谁就会受伤多一点。确实会这样。为什么呢？其实问题并不是出在对方身上，而是出在自己的期望值上。你爱得越多，你的要求就会越多。这一点，你自己也许意识不到，或是不承认。

最普遍的情况就是，"我那么爱你，你为什么不爱我？""我到底做错了什么，你要这样对我？"即使你只是要求他像你对他那样对待你，这也是一种要求。在你看来这个要求是理所当然的，而且是最基本的，但对对方来说，或许是一种高要求。

在你的思维模式中，他应该按你要求的做才正常，才正确，可是对方往往不能让你满意。这就是矛盾的根源。

becoming a woman with inner strength

> 你有九分爱他，他只有六分爱你，你不要求他有十分爱你，但你希望他同样给你九分的爱，这不过分，可他就是不给——所以你受伤了。

有这样一个案例：

C一直认为D是自己的好朋友，或一直把D当成自己的好朋友。

C：在你面前我可以完全敞开自己，我和我的父母关系……，我最好的朋友……，我的童年……

D：我非常理解你，也非常喜欢和佩服现在的你，很感谢你对我的信任，我愿意一直做你最虔诚的听众。

C：你和你的朋友怎样？你的童年也这样吗？

D：嗯……我不想说，可以不说吗？

C：你怎么可以这样呢？我都把我的事掏心掏肺地说给你听了，你有什么不能告诉我的呢？

在人际交往中，有一个黄金法则：想要别人如何对待你，首先你要那样对待别人。C把D当成最好的朋友，当然也希望D把自己当成好朋友，他希望对方与自己一样敞开心扉、剖析自己，所以他首先在D面前自我暴露。当然，他也有自己的倾诉欲在驱使。

然而，当C对D毫无保留地展现自己时，D也真的会像C那样展现自己吗？未必。也就是说黄金法则说的只是一个条件，并不呈现结果。

如果结果让人失望，你会怎么办？"我对别人这样，别人就必须/

应该这样对我"这是人际交往中的反黄金法则。现实中有多少人被这个问题困扰着。

我与读者的交流比较频繁，记得曾有一位读者联系上我后，马上跟我讲了一大堆自己的遭遇及有怎样的心理，我们就他遇到的问题进行了一番讨论。之后，他对我的生活也比较好奇，问我跟先生的婚姻状况及更隐私的一些信息。

我说："这些问题不方便在这里讨论。"对方马上感觉受到了伤害，连说："这不公平！我把那么隐私的事都告诉你了……"最后我与他的聊天以他认为我对他的不信任而告终。对我来说，这是愿不愿意或有没有必要说的事，与信任无关，但他一定要用公平和信任来衡量，所以困扰他的是他自己。

他认为和我之间应该是一种等价的倾诉交换模式。当他吐露那么多心声给我，而我却不愿意对他表露自己的信息时，他会认为这不公平，让他不舒服。我非常理解他心中的这种不悦感。确实，人与人之间的交往本质上都是一种等价交换，只有双方达到一种动态的平衡状态，彼此的关系才可能维持下去。现在，在心理咨询的过程中，我偶尔也会遇到类似的情况。我不自我暴露，对方认为不平等，我们的咨访关系也可能受到挑战。不过咨询中，来访者一般都能接受这种"不对等"。

一般的人际关系，朋友之间如此，爱人之间也是如此。我经常对读者说："你可以不对对方那么好，但不要强求对方一定对你有多好。"我始终相信，平等的朋友关系，都是追求内心收支平衡的。当你不确定对方是否会投入，或能确定对方不会投入太多时，你可以先主动减少自己的投入，以达到你们之间的平衡。

如果对话这样继续下去，可能会更好。

C：如果你认为不方便，那就不说。

D：嗯，谢谢你的理解，真是善解人意。

从此以后，C可能不再在D面前说自己的隐私，下次如果D依然保持什么都不想说的话，C也不会感到"不公平"和"不信任"。但如果这样的话，C会不会自己憋得难受呢？C应该弄清楚一件事，他说出自己的隐私是为了与别人交换信息，还是为了释放自己的压力或解决自己的问题？

我很理解因为自己付出而希望别人也付出的人（包括我自己在内）。然而，要知道，有时候我们很难改变别人的思想及行为，你认为自己付出了八分，但你不能强制别人也为你付出八分或更多。

人与人之间本来就是有差异的，人们的个性不同，对事物的理解不同，加上所处环境的影响，不可能做到行为方式一致。你爱他，为他付出了那么多，当你觉得委屈的同时，或许他也在抱怨，他为你付出得更多。因为在收支的问题上，每个人都有一把衡量的尺子，各自的刻度标准不一样。人们习惯性地用自己的刻度去衡量他人。都认为自己为对方付出得多，可惜这把尺子毕竟不是物理上的，而是心理上的。要是每把尺子的心理刻度都一致，人际交往中或许能减少很多的纠纷。

## 投射效应

有时候别人怎么对待你，反映了他的内心世界。这就是心理学上的"投射效应"——将自己的特点投射到他人的身上，以为他人也具有和自己相似的特征。

有时候，投射是一种防御机制。当人们在别人身上看到同样的特征时，会通过否认这些特征、冲动或感觉来保护自己的自尊。比如，妻子被男同事所吸引，但不承认自己的感受，所以当丈夫谈到女同事时，她变得嫉妒，指责他被女同事吸引；一个女人批评女儿在她说话时打断了她，而事实上，她自己经常打断女儿；一个年轻人忽视了自己的攻击行为，反而认为他的朋友有攻击倾向……看到别人身上的不良特质，同时否认自己身上的这些特质，有助于一个人捍卫自我。如果你感到伴侣总是挑剔你，也许他只是挑剔他自己。这是一种防御性投射。

有时候也可能没有防御因素，仅仅是一种认知偏差。假设其他人都和自己有相同的特征、欲望、想法和感受，也就是我们常说的"以己度人"。撒谎的人，会认为别人都有撒谎的可能；斤斤计较的人，觉得别人都很小气。所以，有时候你受到了攻击，并不是你做得不够好，而是对方从你这里看到了他自身不够好。

防御机制　　认知偏差

投射效应

# 03

## 性爱，
## 没那么受伤害

"只想躺在你怀里，把自己交给你，并让时间停止在此刻。"

有爱的时候一定会有性冲动，但有性冲动的时候未必有爱。

# 你的出现，就是对我的诱惑

性是爱的一部分，它会影响亲密关系。当性方面有困惑时，和值得信赖的人一起科学地谈论性，是一件正常且值得的事。

如果你很爱一个人，当他就在你身边的时候，你会有一种与他亲近的欲望和冲动吗？

我们喜欢一个人，总想跟他亲近，距离越近越好，到最后两人合二为一。物理距离会影响心理距离。无论性欲是否得到满足，性欲本身就足以使人们认为爱情正在燃烧。有的恋人之间可能几乎是依靠性吸引力而在一起，那种快感就像吸食毒品一样，想戒掉都难。

早些年，对于性，人们总是不愿提及太多，觉得这个话题过于隐私，根本不该拿出来说。现在，人们的观念慢慢发生了转变，思想更加开放，对性也比从前更加开放。

当某件事，我们站在科学的角度去看，就不会遮遮掩掩、扭扭捏捏。

记得以前和闺密们聊天，关于情感、家庭、童年经历等什么都能聊，唯独对性只字不提。不知从何时起，大家聊天的尺度慢慢变大，从爱聊到性，"多久一次才算正常？""没有欲望怎么办？""男人都爱看情色片吗？"……一个人发起话题，其他人踊跃参与，原来大家对性有那么大的好奇心。

早几年我与读者的交流也是如此，几乎没有一位读者主动与我聊起性爱之事（我也不会主动问性方面的问题），现在大家都能坦然地谈起性。当婚姻出现问题会毫不避讳地考虑到"他的欲望太强，可能是我不能满足他，他才出轨""我很反感他的一些变态要求，所以每次性生活都很痛苦""他有 ED（勃起功能障碍），我叫他吃药他还跟我急"。的确，很多夫妻关系不融洽，除了表面的原因外，可能还有性生活不和谐的"难言之隐"。

性欲是人类的一种自然需求，它的吸引力是鬼使神差，没有道理可讲。它在夫妻生活中占有相当重要的地位。如果问题真的出在这里，就需要正视它。

我们这代人小的时候，人们把性看得很严肃，听长辈们对女孩交代得最多的就是，女孩子要洁身自好，处女膜是女孩身上的瑰宝，不能失去贞操，等等。性更多的是与道德、繁衍相提并论。而现代社会，这种观念好像淡了很多，甚至如果某女性 30 多岁还是处女，周围人恨不得像看怪物一样看待她。而且随着社会包容度的提高，人们更加注重自我感受，开始重视性的愉悦功能。几乎哪里有爱，哪里就会有性。

性是一种动物性本能，就像饿了要吃饭一样，是一件很平常的事情，道德再高尚的人也会有肚子饿的时候。生理欲望的力量是强大的，只不过人类有道德感、羞耻感、社会规章等的约束，不能像动物那样为所欲为，而会自我克制。有的人饿得饥肠辘辘会继续忍住，有的人则会去偷东西吃，有的人会分散注意力减轻饥饿感。当对性生活不满意时，人们的态度也大致如此。

和有感情的人在一起，性生活是自然而然的事情；和没有感情的人在一起，性生活也能发生，但会变得索然无味，甚至是一种羞辱。

becoming a woman with inner strength

有爱的时候一定会有性冲动，但有性冲动的时候未必有爱。因性而爱的人们往往关系脆弱，而因爱而性的人，往往能加深彼此的爱意，并使关系更加稳固。

做一个内心强大的女

所以，问题就来了，有女孩困惑："他是看中我的身体而跟我在一起的吗？"如果他对你没有任何性冲动，你会觉得他不够爱你；但当他过于放肆时，你也会认为他不够爱你。韩寒有一句话说得很有道理："喜欢就会放肆，但爱就会克制。"不管怎样，爱你的人会尊重你，尊重你的选择。

# 发生关系，到底谁占了谁的便宜

是否发生关系，与谁发生关系都是自己的选择。如果是自己的主动选择，就不要把自己当成受害者。对自己的身体负责的人是你自己，而不是别人。

女孩 B 和男朋友的关系很好，两人一直发乎情止乎礼。然而有一天，两人终究没能抗拒诱惑，尝试了性爱。对于 B 来说，和心爱的人发生关系到底是一件好事还是一件坏事呢？这件事本是激情所致，水到渠成，可事后 B 仿佛又失去了什么，有种莫名的失落感。

女孩 A 对女孩 B 说："男人和你在一起是有目的的，那就是跟你发生关系，腻了以后就说不合适了！" B 低头不语。女孩 C 不同意 A 的观点，说："也有的男生一旦跟你发生关系之后，就对对方有责任感了……" 我问："我们经常说男女发生关系，男人就应该对女人负责，是吧？" 三个女孩都拼命点头。我继续说："男女发生关系，是男人占了便宜吗？""嗯！嗯！难不成男人吃了亏？""女孩如果失了身就不'值钱'了。"

男女发生关系，确实女性的风险要高于男性。从人体结构来看，女性的身体更容易受到伤害。

若客观一点看待问题，还要从两人为何发生关系开始讨论。如果出于胁迫、暴力的因素而发生关系，被胁迫的一方就是受害者，受害者有必要申请法律保护；而情侣之间发生关系，大多是你情我愿，如果女人总认为自己是受害者，自己被别人占了便宜，抱着要别人负责的态度，最后受伤的必定是自己。

现代社会的性除了繁衍功能外，还有一个很重要的功能，就是愉悦身心。男性有性满足的欲望，同样，女性也可以体会到性愉悦。人们通常认为男性比女性有更频繁、更强烈的性欲望。这其实是社会文化氛围对男女两性的不同期望所造成的错觉。有研究者发现，男性和女性的性生活频率很相似，甚至有的研究者认为，女性的性能力高过男性。

becoming a woman with inner strength

发生关系是自己希望得到性满足，而不是为了满足对方的欲望，因为你不需要取悦对方。

做一个内心强大的女

女性是弱者的这种观念存在的时间太长了，影响了一代又一代人。性生活是个人身心需要，而不是为了取悦他人。如果没有想好，或者自己没有需求，又或者担心发生关系之后的结果没法承受，就完全可以不答应对方，没有人可以强迫你。

排除以上原因，当你和对方发生亲密关系时，你要承认，你是愉悦的。你是一个有自我感受的、能与他互动的主体，在性爱的过程中不仅他得到了，你也得到了。何况，如果是真爱的话，男性也不会单纯地希望伴侣满足他。在性生活中，男性会因为自己让伴侣体会到快乐而快乐。

发生关系与否，是自己的选择，只不过很多女孩不愿承担发生关系的后果，而把责任推给对方。很多女孩有这样一种思想，我把身体交给了他，他就得为我负责。但身体是你自己的，为什么要让别人负责？

女性在发生关系之后，心理上的失落感可能大于身体上的"损失"，她们可以忍受疼痛，却不能接受发生关系之后男友"飞走"。这往往也是她们衡量是否被占便宜的标准。若发生关系之后两人的关系一直好下去，女性绝不会说男友占了自己的便宜，反之则认为自己吃了大亏。

我身边有一个女孩，在外旅游时邂逅一位高大帅气的男生，两人一见钟情，在旅游途中形影不离，并发生了性关系。两人非常默契地只发生关系，对其他事闭口不谈。旅行结束后，他们回到自己的城市。女孩马上就发现对方与自己终止了联系，她顿感失落，感叹人情淡薄、世态炎凉。

她的失落其实是因为在与那个男生相处中，她超出了对性的渴望。除了性，她更有爱的期待——一份可以延续的关系。可惜，他们俩的爱和性根本就不是一回事。性是生理上的满足，爱是灵魂上的满足。二者在很多的夫妻生活中是相互矛盾又相互促进的。

# 我真的性冷淡了吗

女性的性欲与很多因素相关。正确的性认知、性表达、性刺激、性沟通都有助于提高女性的性欲。了解性知识能促进性健康和性和谐。

不是没感情，而是真的没兴趣——这样的情况往往发生在"老夫老妻"身上。一方有欲望，另一方又不能满足他的欲望，问题就来了。

Zhang 和丈夫结婚 20 年，进入中年期的她好像都没什么性欲望了。丈夫有时候会埋怨几句，说她不解风情，似乎把责任都归在她身上。他们之间的性生活也经常因为她的"不配合"而草草收场，以致到最后丈夫对她的身体也没办法产生反应了。她知道自己并不是有意不配合，而是自己真的没有感觉。

她有时候也想：才不到 40 岁，难道就真的性冷淡了吗？别人不是说三四十岁的女人如狼似虎吗，我到底出现了什么问题？

在她的头脑中冒出了一个疑问：我只是对丈夫没有欲望，还是对异性都没有欲望？于是，她有了一个充满挑战的念头。她要做一个测试，来检测自己到底是否正常。

终于有了这样一个机会，一次单位的舞会上，她与一位有好感的异性在昏暗的灯光下跳舞。两人贴得很近，轻缓的音乐中多了一丝荷尔蒙的味道，那位异性突然做了个挑逗的动作，在她的细腰上轻轻地捏了一把，她顿感自己的呼吸和心跳变得急促，有种想要与之接吻的冲动。这种感觉真是久违了。

这次舞会后，她清楚地知道自己并不是性冷淡。在他们夫妻的性问题上，只是时间冲淡了他们的激情。就像丈夫对她的身体不再有兴趣一样，她对丈夫的身体也失去了兴趣。

从心理学的角度来看，爱人之间新奇感的消失会逐渐导致性欲的消失，而面对新的异性又能引起性唤起。

性科学确实应该普及。之前在著名心理学家胡佩诚老师的指导下，我发表过一篇相关论文，到底哪些因素会影响女性的性欲呢？

第一，一个人的性欲与遗传因素有关。

性欲受体内雄性激素的影响，人与人之间会有一些差异。有的女性生来感觉不到自己的性欲求，在性生活上表现得被动或退缩、冷淡，甚至厌恶；而有的女性则性欲强，很容易被性唤起，甚至亢奋。男性的睾丸会分泌雄性激素，女性的卵巢及肾上腺也会分泌雄性激素，虽然女性产生的雄性激素要比男性少很多，但这并不意味着女性的性驱力就弱于男性。由于女性的机体对雄性激素更加敏感，因此，她们的性驱力水平和男性差不多。

第二，人一生中，性欲的高峰期有差异。

男性的高峰期普遍为 18~30 岁，而女性则在 30~40 岁性欲和性感受达到巅峰，性幻想也更激烈和频繁。现实生活也表明，此阶段的女性在性生活上更有"贪欲"，因而民间也用"如狼似虎"来形容这一阶段的女性。但随着年龄的增加，特别是更年期后，女性体内雄性激素逐渐减少，皮肤反应迟钝，性器官血液循环较差及生活压力都使其性欲减退。一些女性甚至通过补充雄性激素来恢复性欲。

第三，婚姻中性欲减弱与性对象有关。

一位女性与丈夫在新婚头几年中性生活和谐，且具有强烈的性渴望，几年后这位女性发现自己不再有性需求，这就说明她的性欲已经减退，或是具有性功能障碍吗？不是，很可能与性对象的新奇感消失有关。

在心理学上有一个"柯立芝效应"，研究者把两只处在发情期的公鼠和母鼠关在一起，公鼠会多次与母鼠交配直至筋疲力尽；然而如果用另一只处在受孕期的母鼠代替第一只母鼠，公鼠又会重新焕发兴趣和活力，扑身而上与之交配。这样不断地以新母鼠代替前面的母鼠，引发出的公鼠的性冲动次数是它只与同一只母鼠被关在一起时的两三倍。调查显示，夫妻间性活动的平均频率在婚姻的过程中是持续下降的，而再婚，或更换伴侣的人却增加了他们性生活的频率，至少在一段时间内是这样。

第四，情绪和环境变化也会影响性欲。现代社会竞争激烈，女性一方面要照顾家庭，另一方面又要工作，长期处于紧张而充满压力的状态，难免会产生一些负面情绪，如焦虑、抑郁等这些负面情绪会严重影响性欲和性生活的频率。在一个家庭中，夫妻的关注点和注意力被分散，也会影响彼此间的吸引力，进而影响双方的性渴望。比如，一些家庭中，夫妻结婚后几代人共住一个小空间，且隔音效果太差，在进行性生活的时候外部干扰较多，女性往往就会顾忌较多，这会影响性质量，或使女性产生性压抑；再比如很多家庭中随着孩子的降临，原有的浪漫的"二人世界"被"三人（多人）世界"所取代，女性将注意力放在孩子身上，无暇顾及丈夫；同时，夫妻间性生活的条件，比如性生活时间、性生活空间、性生活刺激物的使用等不再那么自由和方便，这都会导致夫妻间性生活频率的明显下降。

becoming a woman with inner strength

性生活是表达夫妻相爱最好的语言，通过性生活可使夫妻的身体接触，达到心灵的契合。

做一个内心强大的女

此外，除了生理上的因素、性对象因素及环境外，一些疾病（比如肝、肾病）、一些药物（比如口服避孕药、抗血压药、抗抑郁药等）也会造成雄性激素的抑制，进而影响性欲。

下面这些建议对女性提高性欲，享受性生活有一些帮助。

（1）性认知。科学客观地看待自己的性需求和性功能，是极其美好的，是人体验生命的最严肃、最庄重的事情。它是夫妻之间不可或缺的一部分，是维持夫妻关系的重要纽带。

（2）性表达。由于受到评价机制的影响，很多女性在性生活上被动，扮演端庄、矜持的角色，在性方面表现沉着、稳重与克制。事实上，男性更渴望妻子主动。当他们发出性信号的时候，他们希望妻子接受；

当妻子发出信号的时候，他们会更兴奋。"性信号"的表达是维持性吸引力的一个重要因素，它既可以是语言，也可以是亲吻和爱抚等动作。

（3）性刺激。男性和女性对于兴奋所引发的条件是不同的。男性通过声音、画面、假想等就可引发兴奋，而女性则更多需要通过触摸来引发兴奋。因此，男性可以直接进入主题，而女性需要一些互动。

（4）性沟通。夫妻间进行有关性的对话，相互赞美能促进和谐的性生活。男性和女性生理和心理上的差异，让男女对性爱感受上也有差异；每个人的个体差异，导致对性爱过程中的偏爱有所不同。彼此多一些沟通和交流，更能达到性生活的默契。

# 为什么说身体是性爱的密码

　　亲密行为除了性，还包括拥抱、接吻、抚摸、牵手等小动作，肢体接触会带来亲近感，特别是肌肤的抚触能带给人安全感和满足感。

　　我们的身体是最忠实于内心的。

　　有时候可能你自己都没有意识到，当你爱上一个人时，你的身体会不由自主地靠近对方，你的眼睛会死死地盯着对方，你的手会有意无意地碰到对方；你会抚摸自己的脸颊和头发，欢迎他进入你的个人空间，或吸引对方靠近你。不用否认，你当然有想要与对方发生关系，全面身体接触的欲望。

　　而当你讨厌一个人，或不再爱一个人时，你的身体也会有相应的反应。你会有意阻止自己的视线不再与对方接触；你不喜欢和对方坐在一起，甚至都不愿意同时与对方出现在同一空间内；你不再做出一些吸引他的动作，想到的只是快点逃；当对方的身体主动靠近你时，你会本能地后退或躲避。你会尽力避免和对方亲热的可能。

你对一个人的热情与否，身体会最先表现出来。有一个不到 40 岁的妻子说：她和丈夫分床而睡，已经两年没有性生活了。两人生活在一个屋檐下，没有任何身体上的接触。因其丈夫有外遇，而她自嘲性冷淡。他们的生活看起来很和谐，各自履行着对家庭的职责，抚养孩子成人。家庭的功能尚且都存在，但这样的存在方式却是一种悲哀。他们的心理距离有多远，他们的关系有多疏远，可想而知。

becoming a woman with inner strength

正常的情况下，有爱就会有身体接触。延续爱的感觉并不仅仅是发生关系。特别是对于相处已久的夫妻来说，有时候拥抱、接吻和抚摸更能让人们体会到爱人的热情。

做一个内心强大的女

排除某些人的心理障碍，我相信，人都渴望自己被拥抱和爱抚，特别是被自己所喜欢的人拥抱和爱抚，这样更能体会到被爱的满足感。

心理学上有一个名词叫"皮肤饥饿"，是说一个孩子如果小时候很少得到母亲的拥抱和亲昵，长大后就会有一种强烈的，渴望被爱、被关心、被抚慰的，潜在的情感需求。婴儿呱呱坠地，最先得到的是母亲温柔的抚触，这是人类寻找安全感的一种本能。其实，不仅是孩童，成年人也有同样的需求，肌肤的抚触能带给人安全感和满足感。肌肤接触一直是人类情感交流的重要工具。

彼此相拥，一切尽在不言中的那种美好，只有真心相爱的人才能体会到。人们的快乐、关爱、欢欣等情感都可以通过皮肤间的相互接触来传递。我们经常强调夫妻间要多沟通、多交流，但很多夫妻只是把交流和沟通停留在语言上，而忽略了行为上的交流。想象一下，你的爱人在厨房做菜的时候，你只是在口头上表达一下对他的感谢，或是你从后面抱着他，给他一个吻。这两种方式带给他的感受是完全不一样的。拥抱和亲吻与语言比起来，更能给人们全方位的刺激感受。很多矛盾冲突都能通过彼此的亲密举动来化解。

一个长期不被别人拥抱的人，是孤独的；一个长期不去拥抱别人的人，是冷漠的。如果爱人从你这里得不到这些亲密的接触，很可能会从其他地方满足需求。

所以，如果你爱他，在日常生活中不妨多多地爱抚他。轻轻地，握握他的手，摸摸他的肚皮，拉拉他的头发，拍拍他的后背，亲亲他的脸颊——这种慢慢渗透式的情感，有时候要比激烈的性爱给人的力量更大。

不要把这种爱的习惯丢失，它们真的弥足珍贵。

## 女性的性欲不如男性吗

性欲得到满足是个体生理、心理、智力和精神完满状态的源泉。人们通常认为男性比女性体会到更频繁、更强烈的性欲望。这其实是社会文化氛围对男女两性的不同期望所造成的错觉。

有研究证明，男女两性的性反应周期基本相同，甚至女性的性能力高过男性。研究者还发现，男性和女性的性生活频率不相上下。

夸大两者之间性的差异不仅是错误的，而且会给人获得性满足制造人为的障碍。很多夫妻关系不融洽，除了表面的原因外，可能还有性生活不和谐的难言之隐。

对于女性来说，引起性欲的前提是，遇到一个符合自己性偏好的异性；对那些没有特殊情感的异性，很难有性欲望；而对自己厌恶的对象，更不可能产生心理上的性唤起，比如丈夫的家庭暴力、婚外情、酗酒等，都会造成妻子心理上的排斥和抗拒。

# 04

## 背叛，
## 要真相还是要快乐

"你都懒得掩饰了，都不骗我了！"

擦得再干净的茶几用显微镜看仍会有灰尘。你相信它是干净的，它就是干净的；你相信它不干净，它就不干净。

# 虽然我撒谎了，但不是你想的那样

每个人都会撒谎。每个谎言背后都有一个目的。我们无法苛求对方所说的每一句话都是事情的真相。

有一对老夫妻。妻子年轻时曾一时冲动背叛过丈夫一次，但她很快就后悔了。她尽量调整自己，不让此事影响夫妻关系，事实上她也做到了，而且夫妻关系一直都不错。

妻子知道丈夫一直深爱自己。丈夫临终前，她不知道要不要把这件事告诉他。她不愿他带着她的隐瞒和欺骗离开这个世界，也不愿让自己的错误来破坏他心中的美好，那对他同样也是一种遗憾。

如果你是这位妻子，你会怎样做？

在我做的一项调查中，大多数人都选择了不告诉丈夫。即使那些自认为历来对婚姻坦诚，从不对爱人撒谎的人也倾向于这种选择。

如果我问："你在婚姻中欺骗过你的爱人吗？"我相信没有一个人

能很爽快地告诉我"从没有"。

欺骗，就是捏造信息，并做出与事实相反的陈述，是一种说谎行为。当然，欺骗并不一定是自己说了什么，还有很多形式，比如隐瞒信息、对真相绝口不提，或是让对方转移注意力从而忽略关键信息，或突然转变话题，以避免谈及敏感的内容，甚至有时候人们会把真相和欺骗信息混淆在一起，制造半真半假的言辞来误导对方。

如果你说你从来不撒谎，这本身就是一个天大的谎言。谎言对说谎者是有利的，可以寻求赞同，避免尴尬、内疚和惩罚，减少麻烦。人际交往中，无论何种原因说了谎，说谎者都会认为不如完全诚实地交往令人愉快和亲密，他们的说谎行为同样会为自己带来不适。即使谎言并没有被识破，其实也影响了亲密关系。也就是说——人们本有一颗真诚的心，无奈之下说了谎，自己心中也不踏实。

当然，谎言并不全是说谎者自己的盾牌，有的谎言是出于为对方的利益考虑。设想，如果你的爱人满腔热情地为你做了一顿丰盛的晚餐，你品尝了一下感觉味道很不好，当被问及是否好吃的时候，你会直言相告吗？当你一个人在外漂泊，孤单又无助的时候，你的家人问你过得如何，你恐怕会笑着说很好，目的只是为了不让他们担心。这样的谎言只是为了维系彼此的关系，在亲密关系中无伤大雅。

不管怎么样，谎言就是谎言，带有欺骗性。谎言带来最严重的后果就是让对方失去对自己的信任，影响自己的信誉度，进而影响彼此的关系。

那么，我们应该怎样看待恋爱与婚姻中的谎言与欺骗呢？

A和B是一对相处了三年的情侣，下面是他们的对话：

第一天

A：宝贝，我要回公司处理一些事，晚餐别等我了。

B：好的，你安心地去公司吧。

A：有你真好。

B：爱你。

第二天

B：你昨天的事情处理得怎么样？

A：嗯，还不错。很顺利，办公室的安迪很"给力"。

B：安迪怎么"给力"了？

A：他效率很高……

B：所以，你昨天并没有去处理公事，而是和一位朋友去喝咖啡了，是吧？

A：……

B：是吗？

A：是……吧。

B：……

A：我们只是喝咖啡，说说话。我是在乎你的感受才……（解释，不是你想象的那样。）

B：好了，够了！不管怎样，事实上你对我撒了谎！（心想：你认为我知道你们一起喝咖啡后应该有怎样的感受呢？你为什么要认为我会有这样的感受呢？）

接下来就是B不断寻找A撒谎的动机的过程，进而发生猜疑、失信，甚至冷战……这样的不开心，问题究竟源于何处？

　　每一句话背后都有说话者的动机，谎言更是如此。有时候人们说谎仅仅是因为这样做成本最低，无须详细地描述真相的具体细节，解释更多或许更能引起误会，而简短的谎言就可以很快结束话题。

　　"我发现我老公开始骗我了，以前他从不骗我，虽然我也清楚那个谎没什么，但心里还是特别不舒服，很想回去问问他为什么撒谎，你说我该怎么做？我一直相信爱情是美好的，至少我觉得我的爱情是美好的，他这样做让我有点动摇了。"有一位女性向我请教。

becoming a woman with inner strength

　　世界上没有一尘不染的东西。擦得再干净的茶几，你用显微镜看仍然会有灰尘。你相信它是干净的，它就是干净的；你相信它不干净，它就不干净。

——做一个内心强大的女

　　很多人理解的美好爱情，是因为爱情是纯粹的、无瑕的。有时候人们说谎仅意味着瑕疵和不完美。对于相处多年的爱人来说，无所谓信与不信。你不能苛求对方所说的每一句话都是事情的真相（你自己也无法做到），重点是，你愿意相信他吗？

# 为什么说"谎言"不一定代表背叛

我们期待对方如实相告，是因为希望对方坦诚，但坦诚有时候也会带来伤害。因为真相有时候就是残忍的，但这种残忍不一定是背叛。

谁都希望自己的感情海枯石烂，不愿遭受欺骗和背叛。假设我们不知道对方背叛自己，也就不会受到伤害。装傻也是一种自我保护，只不过大多数人不愿意生活在这种虚假的快乐中。如果真相更加痛苦的话，为什么一定要去追寻痛苦的真相呢？

还是前面A、B的那组对话，我们来设想一下他们的对话这样继续下去。

A说："我和那位朋友没什么。"B会信吗？B问："既然没什么，为什么不如实相告？我是那么不通情达理、小肚鸡肠的人吗？"

B的想法很符合情理，而且我相信大多数人都这么认为，然而真的会是这样吗？

A：我要出趟门，去见一位朋友。

B：什么朋友？

A：一个漂亮的女孩，我跟她约到一家咖啡厅。她很有才气和智慧，和她说话很舒服……所以，我很喜欢和她聊天。（这样真诚地交代情况，可以吗？）

B：……

如果在这些问题上，丈夫以诚相待，妻子会如何平静地接下话茬呢？在此场景下，我设想自己是妻子B，我会认为丈夫很怪——他为什么要跟我说那么多？是不是想要暗示我什么？

我又想起了一个小故事。有一对夫妻一起逛街，丈夫的眼睛不停地盯着迎面走过来的妙龄女郎。妻子问："你看什么呢？"丈夫答："没看什么。"妻子愤愤地说："骗人！明明在看对面的美女，还不敢承认！"问题是，承认了会怎么样呢？

这种情况下，丈夫应该怎么回答呢？丈夫真的可以回答"这个女人好性感啊，我就是喜欢多看她几眼，你看她身材多好啊……"吗？

这只是生活中一个可以忽略不计的小谎言，大多数人不会追究。同样的事也会发生在女性身上。如果某位你比较有好感的异性约你喝茶、聊天，你知道仅仅是"坐而论道"，聊生活、聊理想，你不想拒绝，你会把这个约会告诉丈夫吗？你会怎样对丈夫说这件事呢？如果我没猜错的话，至少你会刻意对这个约会轻描淡写。

有感情的两个人生活在一起，彼此默认要忠诚、不能背叛，并且各自都在心中主动、小心地遵守这个规则，都不希望自己是首先打破这个规则的人。所以，人们会尽力掩饰自己一切"不忠"的痕迹，哪怕只是一些思想上的短暂游离。

　　撒谎者自己首先认为这是不对的，才会尽力掩饰（他们认为真话会带来不好的结果，从而通过谎言避免），他们也想做到对对方的绝对忠诚，至少让对方认为自己是绝对忠诚的，但生活中，我们很难做到。

　　很多人容易把谎言和背叛联系在一起，其实谎言不一定代表背叛。

做一个内心强大的女

　　不要因为拆穿了一个小谎言，就上升到不爱、不忠、背叛、不纯洁的高度。一笑而过吧！很多人会生气地说："他从来不撒谎的！"其实，事实可能是你以前没有发现，或是他以前的那些谎言太小，小到你主动忽略了，又或是那些小谎言没有触及你内心的敏感部位，你放过了它。

　　说到底，这其实是一个相对忠诚与绝对忠诚较量的问题。有的人眼里容不下一粒沙子，有的人睁一只眼闭一只眼。要知道，当你抱怨"他都懒得掩饰了，都不骗我了"时，才是最痛的时候。

# 什么是被骗者的"诡计"

为了当面证实对方的撒谎行为，有时你可能会诱导对方撒谎，然后"抓个正着"，看起来你获胜了，但对方可能因此开始真正的破坏行为。

在被欺骗的感觉中总会莫名其妙地夹杂一种被愚弄的感觉。有时候我们并不在乎事件本身，更在意的是对方对我们的态度。不愿意让自己有一种"被蒙在鼓里"的感觉，不愿意让自己"被别人当傻瓜"，所以当我们被欺骗的时候，一定要为自己找出真相，否则难解心头之委屈。

对于丈夫以加班的名义密会异性，丈夫事后的解释可能会让你很快平复心情，但生活中还有很多被欺骗的事往往比这种事严重得多。

我们更愿意与身边的人以诚相待。谎言就是谎言，无论什么理由都可能令对方产生受伤害的感觉。说谎者常常认为自己能侥幸过关。一方面，如果你现在正欺骗他人，不要太小看了对方识破谎言的能力；另一方面，如果你识破了对方的谎言，你又要怎样去做呢？

Lang 和女伴逛街逛累了，到商场附近的一个咖啡馆休息。一进来，她就看到丈夫正和一名风情万种的女性谈笑风生。"他不是说今天要去单位加班吗？怎么会出现在这里呢？"这时候 Lang 应该怎么做？

A. 马上冲到丈夫面前，兴师问罪。

B. 落落大方，并友好地打招呼，甚至俏皮地冒充丈夫的女性朋友，说他的女朋友好漂亮。

C. 装作没看见，回家后质问丈夫，如果他不承认他们的关系，就逼着他承认。

D. 装作没看见，回家后告诉丈夫，在咖啡馆看到了一个人很像他，至于他是否承认，并不重要。

选择 A 的人比较多，因为人们都不愿意被欺骗、被愚弄，何况真相已经在自己手中，怎么可能让别人蒙混过关呢！所以就要拼命地逼着对方就范。"我都亲眼看到了，你还不承认！"这个时候，事件本身已经不重要了，重要的是对方欺骗自己的态度和动机。设想一下，你没直接告诉他你看到了他，而是问他，"你昨天加班还顺利吗？"接着，他会很自然地编排一些加班途中的艰辛故事来说。这时，你突然话锋一转，告诉他昨天在咖啡馆看到他了，他会有怎样的心情呢？被吓一大跳、满头冒汗、尴尬、愧疚、愤怒、懊悔等情绪一起涌上心头。等他整理好思路，终究会明白过来，你是故意设陷阱让他往里面跳，他因此变得愤怒："你都知道了，还诱导我撒谎干什么？"

在我看来，这确实是被骗者的"诡计"，但对于撒谎者来说，这只是一种本性。既然第一个谎都已经撒出去了，开弓没有回头箭，再更正谎言就等于否定自己，这是谁也不愿意干的事情。

真相就是真理，真理就是胜利。细细想来，被欺骗者让对方"承认真相"的目的是为了打个胜仗，还是希望对方"不再犯"？如果要达到后面的效果，可以利用他撒谎后的不适心理，只需要提示他你知道这件事即可，点到为止。你的大度反而会让他愧疚，或许他什么也不说，继续掩饰，或许他会顺着你的引导说出自己去咖啡馆的真相。

becoming a woman with inner strength

很多时候，不是别人伤到了你，而是你自己伤到了自己，正如你诱导别人撒谎，当别人正中你下怀后，你也就被伤到了。

————————————————— 做一个内心强大的女

撒谎者总有一个用烂了的理由：我就是怕你多心才没告诉你。这句话大多数时候是实话。它一般投射出三层意思：

*1* 他有秘密真的不想告诉你，他想隐瞒。

*2* 他真的觉得没必要告诉你，太稀松平常。

*3* 你真的很敏感多疑，容易把小事放大。

不要老揪着第一层意思不放，也可以多想想后面的两层意思。

# 如何面对失信的男人

重建信任是一个非常艰难的过程。表面的平淡下也许隐藏着深深的不安与质疑。大多数情况下，寻求专业的咨询会有帮助。

信任打破后能重建吗？

这就好比，你小时候偷吃过一瓶金贵的水果罐头，下次家里的水果罐头不见了，家长首先想到的可能就是又被你偷吃了；好比，你在草地上被蛇咬过，下次看到草地上有一条绳子，你会很谨慎地绕过这条绳子；好比，声称滴酒不沾的你勉为其难地在酒桌上喝了第一杯，马上会有人劝你喝第二杯、第三杯……

人们往往有这样一种思维：他能做第一次，就一定能做第二次。如果有人曾失信于你，或欺骗过你，你基本上再也无法做到对他无条件地信任了。

为什么有的人被欺骗了，还是愿意相信对方？并不是这次欺骗没有对被欺骗者产生影响，而是他身上还有很多值得你信任的地方没被打破。比如说：男朋友在某件事情上欺骗了你，被你识破，当时你感到很生气，但你愿意继续相信他，是因为你认为他的人格、行事风格还是值得信任的。人们的人格特征具有稳定性，所以他在你心里仍然是一个靠谱的人。

无论是亲密关系还是一般的人际关系，只要有意识和主见存在，就不可能有绝对的信任。人与人之间总会面临一些或大或小的信任问题。然而，只要关系和情感要继续维持下去，信任就是必要的。很难想象彼此不信任的人会有和谐的关系。

becoming a woman with inner strength

与人相处，尤其是夫妻间，维护好自己在对方心中的信任值很重要，信任感不要轻易被打破。

做一个内心强大的女

"信任打破后能重建吗？"这个问题我被无数次问起。被欺骗者说："我再也不相信他了，他现在就在演戏……我不知道日子要怎么过下去。"欺骗者说："我知道自己错了，我也改了，可她就是不相信我，要怎么办？"可见，这个问题让欺骗者和被欺骗者双方都在煎熬。没有信任的亲密关系，是非常可怕和难受的。

关于这个问题，我曾与几位心理学老师和做心理咨询工作的朋友探讨过。大家一致认为：信任一旦被打破，很难重建，即使最终重建成功，也是一个相当艰难的过程。"一朝遭蛇咬，十年怕井绳"，人都有自我保护机制。重建信任不是表层的理解，要从深层次发生改变。

有些曾失信于人的人总喜欢问对方："你还愿意相信我吗？"其实，他们最应该先问问自己："我值得对方信任吗？我还将失信于他吗？"

失信的次数越多，越阻碍信任的重建。在第一次欺骗中，被欺骗方即使不愿接受事实，如果自己爱对方，也许会为对方的欺骗找理由，帮助对方开脱。当对方请求原谅后，被欺骗方至少会持观望态度。但如果对方连续欺骗，这种欺骗就容易在被欺骗方头脑中形成定势——他是个大骗子，不值得信任。

首次失信，受骗方也许
会帮助对方开脱

连续欺骗，受骗方大脑中
会形成对方是骗子的定势

当出现了信任危机自我调节时，不要给自己太多负面暗示，别跟原来的事情较劲。只要彼此都有和好的愿望，你愿意相信他，他也意识到自己的问题，信任的重建就少了很多阻力。我想，当把那些不愉快的事情都慢慢淡化，在多年后回忆起时能淡然一笑，那时候基本上就重建成功了。

# 为什么说遗忘是最好的原谅

如果你选择了原谅，就要学会放下；如果你选择了淡忘，就不要刻意提及。不问来路，只问归途。

40 多岁的 May 和丈夫白手起家，夫妻在事业上终于有了一番成就。当房子、车子、孩子、票子都有了的时候，他们的故事也同样落入俗套。她退居家中养育孩子时，事业有成的丈夫与其他女性玩起了暧昧，后来发展到影响夫妻关系。

两人在是否离婚的问题上曾冷静地交流。最终她的态度是，希望丈夫改变，继续保持家的完整，但她从心底里又对丈夫的行为感到难以接受。

我：你认为婚姻要保持彼此的绝对忠诚吗？

她：我对这个家是很忠诚的，所以……

我：如果有一天，你对这个家不忠诚了，你还会这样要求对方吗？（我的问题显然有些犀利，而且似乎也有些不近情理。）

她：老师，难道他不忠诚是正常的吗？（很明显，这个问题让她产生了严重的阻抗。）

我：夫妻双方，一方的背叛给另一方带来的伤害肯定是巨大的。丈夫出轨会给妻子带来很大的伤痛，会在道德上遭受谴责，但是从生理上讲，婚姻持续时间长了，生活终会归于平淡，彼此的吸引力逐渐下降，特别是性吸引力。这个时候，有的人会寻找新的刺激，玩暧昧或出轨。有的人迫于道德、法律或是舆论压力，压抑自己的内在本我，只是想想而不敢去做。而有的人自我控制能力差，想做就去做了。

我：你爱你的丈夫吗？

她：爱！（她几乎脱口而出。）

May 的身体一直不太好，结婚 16 年，在自己最需要关心和安慰的时候，丈夫却背叛了她。这当然让人无法接受。但在她心中，丈夫依然处于重要位置。对于离婚，她想的最多的是，她这个年纪未必能找到一个更好的人，而且如果离婚的话，太便宜对方了。家业都是他们两人一起创建起来的，所以，她不愿意离婚。

既然心中已经做出了选择，为什么又不能释然呢？因为不甘心。她一直安守本分，恪守妇道，是个标准的贤妻良母，为家庭付出那么多，难道丈夫不该对她好吗？现在丈夫做了错事，难道就这样算了？凭什么？

其实从长远来看，丈夫出轨对 May 的伤害并不是这件事本身，而是 May 愤慨他的出轨，觉得他对不起自己，或是不想便宜他，抑或担心他继续出轨，这才是她最大的心理压力。

大多数人婚姻出了问题，首先想到的都是对方有什么错，而为自己据理力争，为自己喊冤平反。先把冤屈诉了，再谈如何解决问题。可当对方认错悔改时，自己又不愿接受。到底想怎样，自己也不知道，反正就是不舒服。第一关过不去，第二关永远到不了。当亲密关系被打破，彼此就处于敌对状态，如果一个人总对另一个人保持敌对态度，这个问题就会永远存在。当然，原谅、淡忘、日子照过，谈何容易！

在面对别人的问题时我尽量不受倾诉者的影响，客观地看待或判断一些事情，当然，这也会被一些人误认为"站着说话不腰疼"。确实，在早些年，我看问题也比较偏激，总带有很强的主观色彩，以自我为中心，甚至去揣摩他人的"恶"。我看待问题的思路也很简单，比如问题产生后，首先考虑是谁导致的、谁应该承担责任、要怎么解决、自己是否太冤等，而不去想事情为什么发生，是否是自己导致的，自己是否应当负起某些责任，等等。

后来，心理学教会了我从更多的视角看问题，比如生理、人性、两性差异、社会等角度，我开始更理解自己和他人。我发现，当一切变得可理解的时候，事情就变得好办多了。

becoming a woman with inner strength

我们总习惯于把自己想象成符合常理的大多数，事实上，若换个角度，每个人都有各自的道理。

做一个内心强大的女

在婚姻中，当你感到不舒服、不开心、委屈、痛苦的时候，对方或许也是不快乐、不满足的。一方感到委屈的同时，也能意识到和理解对方的不快乐、不满足，是夫妻关系修复的第一步，也是最重要的一步。

## 人际背叛量表

请阅读每个项目，并用下面的评分等级打分：

1= 我从不这样做；2= 我做过一次；3= 我这样做过几次；

4= 我这样做过若干次；5= 我经常这样做。

1. 为了给别人留下深刻的印象，怠慢自己的朋友。

2. 没有充分的理由就违背自己许下的承诺。

3. 为了被他人接纳，违心地同意他们的观点。

4. 假装喜欢你厌恶的人。

5. 在朋友背后说长道短。

6. 向朋友许下自己根本就不想遵守的承诺。

7. 为了得到"圈内人"的接纳，而不坚持自己的信仰和主张。

8. 向别人抱怨你的朋友或家人。

9. 把朋友透露给你的心里话告诉别人。

10. 对朋友说谎。

11. 向家人许下自己根本就不想遵守的承诺。

12. 当朋友受人批评或轻视的时候不维护他。

13. 想当然地以为家人就是正确的。

14. 对于自己所从事的活动，说谎欺瞒父母或伴侣。

15. 希望你讨厌的人走霉运。

大学生的平均得分为 36 分；离校的成年人平均得分为 35 分；超过 65 岁的老年人平均得分为 27.6 分。人际背叛量表得分的标准差为 8 分，所以如果你的得分等于或高于 44 分，你的背叛得分就要高于平均水平。相反，如果你的得分等于或低于 28 分，你就比大多数人更少背叛别人。

# 05

## 自我，
## 我到底哪里不好

"我到底哪里做得不对，你要这样对我？"

你的好，爱你的人自然会感受到。永远不要问一个不爱你的人自己哪里不好。

## 你的好 ≠ 他人眼中的好

好是一个相对的概念。道德上的"好"并不能满足一段关系发展的所有需要。因为需求是多元的。

我们在拒绝别人的时候，通常会给对方发一张"好人卡"，这是一个非常好用的推辞，"你是个好人，但……"说到这里，那些有自知之明的人就会主动撤退了。撤退之后，有一部分人仍然会百思不得其解，"为什么我那么好，你还不喜欢我呢？"原因就在于，你是个"好人"没错，但他要的不是你这样的"好人"。

becoming a woman with inner strength

无论是一般人际关系中，还是两性关系中，并不是你觉得自己好就好，还得考虑你的好和别人眼里的好是不是一个概念。

28岁的Lily很勤快，对人真诚，几乎在所有邻居眼里她都是个很会过日子且精明能干的好女人。她朝九晚五地工作，回家后还变着法子做好吃的，家里收拾得干净利落。她朴素大方，从不乱花一分钱，她计划着把所有的钱都存起来，等将来换个大房子。

丈夫爱吃红烧肉，她就把红烧肉做得比餐馆里的还地道。"只要我做这道菜，我丈夫肯定会吃两大碗米饭"——这是她最骄傲的谈资了。

Lily的工作能力很强，除了把丈夫照顾好，所有的精力都用在工作上。老板当然也喜欢这样的员工，但有一点，她待人很挑剔，公司来了个打扮得花枝招展的大学生，她就觉得人家太风骚；某位同事喷了香水，她就觉得同事很臭美；看到某年轻女人开着豪车，就认为对方的钱肯定来路不正。

每当听到哪位闺密的丈夫出轨了，她就耻笑别人没本事。她想，像她这样又能挣钱又能管家的正派女人，到哪里去找啊。她坚定地认为自己值得丈夫爱，而且丈夫也只会爱她一个人。

她一边做饭一边问躺在沙发上玩手机的丈夫："那些漂亮女人当不了饭吃，还是我这样的女人实在，是吧？"丈夫一边看着手机一边心不在焉地回答："我老婆最好了，过日子就得是你这样的。"听了这话，她就有种深深的满足感。

然而，她的丈夫还是有了外遇。丈夫不愿意跟她离婚，铆足了劲地承认错误，保证洗心革面，重新做人，但她怎么也想不明白，她这么好的女人，他为什么还不满足。

不得不说，Lily的丈夫的做法不道德，可能所有的人都会大骂他不懂得珍惜，但每个行为背后都是有动机的。他要是真觉得她一切都好，就不会被别人的好"勾"走了。关键是这个"好"如何定义。你的好是否正好迎合了对方的需求。男人喜欢看美女,你却认为美女不能当饭吃,还是自己这个"保姆"实在;你讨厌那些花枝招展的女人,可是你不知道,每个男人心里几乎都住着一个"坏女人"。他每天回家看到的都是一个不修边幅的黄脸婆,每天吃的都是同一个口味的红烧肉……在这种情况下,丈夫产生审美疲劳的可能性会陡增。在平淡的日子中,那些自制力差的男性很可能就会迷恋上外面的精彩了。

想想我们小时候,父母强加于我们头上的各种"好",早睡早起就是好的,学好文化知识就是好的,不与社会青年交朋友就是好的……客观上确实好,但并不是我们想要的和喜欢的,我们会为此和父母大吵。那些大观念上的"好"多是站在道德自律的基础上,却忽视了人们身上的很多伪道德需求。

在 Lily 眼中,勤快、实在、不招摇,这都是大观念下好女人的形象,但换个角度,作为妻子,在丈夫面前适当地懒惰、适当地打扮,甚至适当的风情万种,有什么不好的吗?

现在想想,你自认为是个好女人吗?你对好的定义又是什么?你的另一半也会这样下定义吗?你身边的朋友也是这样认为的吗?

# 你真的是什么都不图吗

有付出就会有期待。人们都倾向于维持"得大于或等于失"的人际关系，当付出和获得大致平衡时，关系才会稳定。

如果有一个人对你超级好，做什么事都让你挑不出毛病来，你会有什么感受？先别急着说"这很好啊"。如果有一天你们不那么要好了，这个人跟你算起账来，你可能就吃不了兜着走了。尽量不要充当这个好人，也不要理所当然、毫无回报地接受他人对你的好。

供养男朋友上大学的女孩，在男朋友心中肯定是好女孩，当她向法院起诉追讨花费的时候，男朋友还认为她是个好女孩吗？她的"好"表现在对男朋友的付出，但她的付出是有对等要求的，并不是无条件付出。"我曾经对他付出那么多，他现在必须对我好才说得过去"，这是一种很正常又普遍的心理，可当"他现在并没有对我好"的时候，问题就来了，女孩就去法院"讨债"了。

Zhe 也遇到了这样的问题。Zhe 长得很普通，从小几乎没什么好朋友，她习惯了孤独，即使独处也不觉得难过，自从遇见他后，有人跟她说话了，而且他总能逗她开心。她第一次体会到被人惦记和呵护，所以她把他看得很重。等她大学一毕业，他们就打算结婚。

男方家的条件并不好，Zhe 的父母坚决不同意。Zhe 说："我只要他的人，条件好不好我不在乎。"最终父母拗不过她，他们结婚了。

Zhe 描述婆家时用了"家徒四壁"这个词，男方家在一个偏僻的山村，父母供养兄妹三个。丈夫是老二，也是村子里唯一的大学生。他工作后接过父母的担子供养妹妹上学。夫家条件这样不好，她仅仅看上了他的人品，心里有一份纯粹的爱。结婚时，Zhe 觉得自己是那种纯粹为爱而活的人，特伟大。

婚后他们的感情很好，但日子也不可能完全朝着她想象的方面发展。她仍然没什么朋友，随着孩子的降临，她的生活中除了丈夫就是孩子，此时的 Zhe 越来越依赖丈夫了。丈夫开始对她有些不耐烦，还总说她不独立。

Zhe 对我说："我以前也不独立，以前他那么宠我，可是现在却说结婚后没有了自由，人怎么这么善变，我好累。"她觉得不公平，丈夫不应该不喜欢她，更不应该嫌弃她。

如果我说人际关系包括夫妻关系的维持过程都要遵从交换原则，也许很多人不认同，因为这样说太功利，夫妻之间难道不是靠爱、靠感情来维系的吗？但是，请想一想，"我爱他，愿意为他付出一切，什么都不图"，这样没有任何得失计较的爱能坚持多久？

Zhe 自认为是一个合格的妻子。她说："想当年，他一穷二白的时候，我不图他的家境，不图他的条件，踏踏实实地跟他过日子，难道他不该感激我吗？"

这样的抱怨我们经常听到。一些女性找了家境困难，或外在条件不如自己的男性结婚，认为什么都不图，这才是不掺杂任何杂念的爱情，其实，她认为自己什么都没图的时候，已经图了"期待"。她期待这个"不如自己"的男人，在婚后应该对自己好。她们把期待放到了未来。

becoming a woman with inner strength

> 每个人内心都有一杆天平。人与人之间没有真正的"什么都不图"。

做一个内心强大的女人

如果真的无所谓，自己就不会有委屈感（除非有一种认知出现，那就是付出是自己的一种需求，不付出比付出更难受，就像很多时候，孩子摔跤了，不把他扶起来你自己不舒服，而不是他真的需要你去扶）。所以，现在每当我听到有人说"我又不图他什么"的时候，我都忍不住想说："你还是图他点什么吧！"

根据心理学中的人际交换理论，人际交往的本质是价值交换。人们都倾向于得到大于（至少等于）付出，只有得失相对平衡，关系才会稳定。如果自己付出的这边比较重，而那边的投入比较轻，自然有种"亏"了的感觉。既然不平衡了，就要想办法让各自的分量相当。不是重的一方减重，就是轻的一方加重。如果你是重的一方，你无法控制对方是否加重，那么你能做到的就是在自己这边减重。

# 别活在他人的预期中

结婚、生孩子、维持家庭的完整性并不是一个人必须完成的使命。我们需要用发展的眼光看待自己的生活。让自己过得轻松幸福才是关键。

很多女人认为自己的职业就是管理好家庭，抓牢自己的丈夫。其实，这个观念在她头脑中形成的那一刻，就已经注定了一些不幸的发生。

不可否认，女性的家庭使命感确实要大于男性。很多女性认为自己有料理好家庭的使命，有生孩子的使命，有抚养好孩子的使命，有让丈夫过得舒服的使命。若这些目标没有达成，就会有种挫败感，甚至会感到内疚和自责。

人必须首先尊重自我，才会活得轻松。不少女性有这样的担忧，害怕自己因生不了孩子遭到丈夫的抛弃，生了女儿没生儿子也感觉对不起婆家。我很理解她们的担忧，谁都希望自己符合社会期望，但无论是主观思想，还是客观环境所致，我们不可能做到凡事让他人满意。很多时候做到让自己满意就足够了。

记得几年前我备孕的那段时间内心也有很多苦，当顺利生下儿子后，我之前所有的烦恼瞬间烟消云散，过去那些难过的事我也不再去想。后来，在与某位心理学老师探讨这个问题的时候，他做了一个假设：

老师：如果你当时没有顺利怀孕，你会怎么办？

我：我已经做好了离婚的准备。

老师：如果你先生不想离怎么办？

我：我想我也会坚持要离，我不能拖累他。先生家条件还可以，他自身条件也不错，在他的家人想要一个孩子继承香火的时候，我这个做儿媳妇的却连最该做的事也做不了，我自己会很难受、很自责，我愿意主动退出。即使继续和他在一起，我也可能会时刻惦记着这件事，过得不踏实。

老师：如果你当时生了一个女儿，可是先生家想要一个儿子，怎么办？

我：……（说实话，这个问题我从来没想过或许我会觉得自己无能为力，所以我没有回答。）

老师：如果你的孩子将来表现出某些不优秀的地方，先生家认为是你的遗传基因问题，或是你教育得不好导致的，怎么办？

总之，如果照着"一切都是我的错"的逻辑讲下去，会遇到一系列让我无能为力却要解决的问题。如果我把自己放到最低的位置，我做任何事都不会得到别人的肯定。现在回想起当初，先生并没有给我多大的压力，倒是我自己给了自己不小压力。可能是受传统观念的影响太深，一直到现在，我仍然认为作为女人，如果条件允许一定要生孩子，让自己体验母亲的角色（事实上，孩子也真的给了我很多欢乐）。然而，话又说回来，如果没有孩子，就真的无法快乐吗？并不是。

　　人最大的优点是会自我调节——自我合理化。所有的问题都是一个观念的问题。为自己的行为找到合理的解释，内心会减少很多冲突。

做一个内心强大的女

　　很多丁克夫妻日子过得比有孩子的家庭更滋润。他们有更多的时间和精力游山玩水，做一些自己想要做的事情，而且没有孩子的干扰，他们的情感维系得更紧密。当你的内心由"不能生"转化为"不想生"时，就不会持续焦虑。假设能这样想，并不是吃不到葡萄说葡萄酸，而是我们懂得了自我调节。

　　我们身上那些"使命"都是自己赋予的，并不能因为达到了就快乐，没达到就不快乐。结婚、生孩子、维持家庭的完整等观念只是社会赋予人们的期望，一个人真正的使命是在不伤害他人和社会的情况下，让自己快乐地度过一生。

# 如果他不那样做，我肯定不出轨

需求满足是婚姻幸福感的基本要素之一。情感、物质、社会支持……你满足伴侣的需求，他迎合你的期待，双方会感到满足和幸福。

Penny 对我说她快要疯了。

丈夫出轨被她发现，她考虑到孩子而原谅了他，可是他并没有因此而收敛，依然不顾她的感受继续和出轨对象联系。作为一位全职太太，这让她很没有安全感，她经常患得患失，晚上失眠，白天没有精神，不知道日子要怎样过下去。

当同学 Rain 找到她后，一切都变了。Rain 说："不要去管他怎么样，你可以自己主动快乐。"并鼓励她拓展朋友圈，重新找回自我。于是，她开始参加各种学习班充实自己。接触的人多了，社交活动也多了，渐渐地，她的自信又回来了，她又变得开心起来，仿佛守得云开见月明。

我也为她感到高兴，对自己积极关注，找回自信，这一点她做到了。

"可是，我们也深深地相爱了。"当她说到这里的时候，我才意识到她所说的同学 Rain 是一位男性。"就这样，我们持续了一年。可最终这个秘密被丈夫发现，并扬言要报复我，报复 Rain……"她顿时又被打回了"十八层地狱"，她不知道将来要怎样面对他们。很巧的是，Rain 这个时候出差了，留下她自己面对这些问题，她每天如坐针毡。

她知道自己的婚姻结束了，丈夫现在一点也不愿意见到她，双方都同意离婚，但都不愿意放弃孩子的抚养权。

夫妻双方都出轨，只是一个先后的问题。她认为自己出轨是丈夫造成的："如果他不那样，我肯定不会出轨的！"

Penny：丈夫没有责任心、不上进、不管家……

我：你认为他出轨的原因可能是什么呢？

Penny：（顿了一下）我在生理上不能满足他。

我：他从你身上得不到他需要的，所以就出轨了。接着，你也感觉从他身上得不到你想要的，所以你也出轨了，这只是一个先后问题。事实是，你认为不该做的事，你自己也做了。

Penny：我到底做错了什么呢？

我并没有指责她的意思，只是不希望她把自己定位于"受害者"的角色，那样她会备受伤害。当我们发现别人有问题的时候，不妨也想想别人为什么要那样做，和自己是否有关。

婚姻中，我们最无法容忍的事可能就是对方的背叛了。背叛这个词要怎样理解？当婚姻生活已经很平淡，无所谓爱情时，一方可能早就传递出了对另一方不爱的信息，例如不修边幅，忽视对方，拒绝性生活，对对方挑剔挖苦，给对方施加压力，甚至冷暴力……

如果我们把背叛这个词延伸一下来理解，就像罗兰·米勒在《亲密关系》中说：任何违反维系亲密关系的仁爱、忠诚、尊重和信赖准则的行为，都可以视为某种程度的背叛。揭露伴侣的隐私、在伴侣背后说长道短、伤人感情地冷嘲热讽、违背重要承诺、不支持自己的伴侣、在别处花费太多的时间，或完全抛弃亲密关系，这些行为常常都是对伴侣的背叛。

如果把这些都看成对亲密关系的背叛时，那么有可能妻子早就背叛了丈夫（她自己很难意识到），而丈夫接收到这些信息后，用出轨的方式背叛了妻子。在大众面前曝光的一段内容则是从丈夫有外遇开始，而前一段内容往往是大家看不到的，或是容易被当事人忽略的。就好比当我们看到 A 打了 B 一巴掌，我们会很自然地认为 A 做得不对，但是当我们了解到在 A 打 B 之前，B 曾歇斯底里地大骂了 A 两个多小时，A 忍无可忍的情况下才打了 B 一巴掌时，我们对事情的看法可能会有所不同。

虽然我很反感亲密关系中的背叛，但是客观上来说，人们之所以有了婚外情，是因为他们想要从出轨对象身上寻找能满足自己的东西，而这些东西自己的爱人又给予不了，或不愿意给予。

出轨，可能用一句话就可以解释，他想要，你没给，别人有。似乎一切问题的根源都在于人性。人们生活的过程就是各取所需的过程。排除道德、法律的约束来看，得到永远是最快乐的（出轨者的品性、道德、自律等问题是另一个话题）。所以，想留住一个人，唯一的办法就是，他所需要的，你有，然后投其所好.

如果没有，那么可以选择以下方式。

**第一，你没有，但打算让自己拥有。**你追求的最初目的也许是为了迎合他，但是在追求的过程中，你自己也会得到意外的快乐，最终皆大欢喜。也有人会说：我为了他改变了自己，不是失去了自我吗？这里又有两个地方要衡量，你的改变是否会优化自己？你坚持做原来的自己与失去他也无所谓，哪个更重要？

第二，你没有，也不打算有，而压制他的欲望。这就要看对方个什么样的人了。如果他会调节自己，就会转移自己的注意力。通过其他方面的欲望满足自己，来弱化你无法提供给他的需求。

第三，你没有，也不打算有，理解他从其他渠道获得。虽然这一点会让我们会很不痛快，也大概没有人愿意接受这样的事实。

becoming a woman with inner strength

无论在哪种人际关系中，如果你能做到多问自己"他要的，我有吗"，一定会为你带来很多好处，一方面，会提示你不断地进步、提升；另一方面，当你发现事出有因时，你的内心就不会那么不平衡。

做一个内心强大的女

看到这里，可能很多在亲密关系中因自己的期望没得到满足而出轨的人会"心安理得"。正如很多出轨的人会大言不惭地说"因为我从他身上得不到爱，所以才会到外面寻找爱"。要知道，任何人际关系中需求的满足都是双方的。"没有得到"并不是一方伤害另一方的理由。当你在抱怨对方没有给予你的时候，也请想一想，你给了对方什么？你是否也满足了对方的需求？

# 为什么说爱与不爱在于"味口"

别人没有选择你或离开你，也许不是你不好，只是你与对方的需求不匹配而已。提高自尊水平反而有助于建立和维持亲密关系。

有时候，我们很客观地发现自己真的很优秀了，可为什么还是不被认可，还要遭受背叛和抛弃？"我这么好，他为什么就不爱我？""我哪一点比不上那个女人？"不要再纠结于这些问题了。

感情的事本就没有是非对错，感情的建立、婚姻的缔结并不是以好人和坏人为参考标准。说到底，只有爱或不爱。你再优秀，可惜不是他那道"菜"也枉然。

他说你不够女人，并以此作为你们不合适，或离开你的借口，事实上他可能本来就不爱你，或已经不爱你了。你没有必要再纠结"我怎么就不够女人了？""我虽然不够女人，但我贤良淑德，把家里操持得井然有序。"因为如果他爱你，他会把你的不够女人理解为你的朴素、端庄、踏实等，而且，他内心一定会做一些衡量，不会因为你身上某些所谓的缺点而放走你。

有一个女孩给我留言，说了很多莫名其妙的话，跟我探讨生活的意义，似乎要跟我进行一场哲学思辩。我问清原委后才知道，原来她一个月前失恋了，男友找了一个比她条件好的女孩。她说自己长得也不漂亮，工作也不好，反复强调自己不够"华丽"，没有吸引别人的地方，很显然她已心灰意冷。我与她的交谈主要是引导她对自己积极关注。

通过与读者们的交流，我发现很多人的自我评价严重受到他人的影响。他们遭受别人的挑剔和打击后失去自信，甚至产生自卑感。其中有一位女性对我倾诉了她的苦恼，她爱她的丈夫，但是丈夫却与前女友一直保持联系，而且还常拿她与前女友做比较，称赞前女友而贬低她。她一方面非常愤怒，另一方面又变得越来越不自信。开始时她焦虑于丈夫与前女友的旧情复燃，现在她更多的是为自己的不优秀而感到自卑。

我问她对自己的评价是怎样的。很庆幸的是，她除了列举自己的缺点，如缺乏耐心、喜欢猜忌、没有特长等，还很客观地列举了自己的一些优点，如善良体贴、真诚待人、有责任感等。据此来看，她本身并不是一个缺乏自信的人，因为她能很客观地表述出自己身上的优势。

becoming a woman with inner strength

很多人都容易受身边人的暗示影响，如果身边常有人告诉你"你很差劲""你不如别人漂亮""你是个窝囊废"，那么久而久之，你自己也会开始怀疑自己。

做一个内心强大的女人

不要因为别人贬低自己，或失去一段感情就怀疑自己，甚至自轻自贱。不要把"自我评价"与"他人评价"混淆。小孩子没有自我概念的时候，会通过周围人，特别是对他重要的人的评价来判断自己，但我们已经是成年人，有一定的自我判断能力。他人怎么评价是他人眼中的你，而你自己眼中的你更为重要。

很多人的自我评价容易受到外界影响，是因为他们没有真正地认识和判断自己，特别是缺乏自信的人更容易受到一些不好的暗示。小时候，由于你的体形不够好，别人取笑你，给你取绰号，就会让你以为你真的很差劲，从而陷入一种自卑的情绪中；大学的时候，你成绩本来很优秀，但走入社会后却迟迟找不到工作，每每面试碰壁，从而认为自己很差劲，越来越不自信；恋爱的时候，周围追捧你的白马王子们络绎不绝，这种境况让你变得高傲自大，目空一切，很可能因为自己的骄傲而失去一段爱情，等等。

不得不承认，我们每个人身上都有这样那样的缺点，但这并不影响你成为一个优秀的人。分手、遭到背叛并不是因为你不优秀，而是因为你们不合适，或是对方认为你们不合适，你不是他喜欢的那道"菜"而已。在人际关系中，我们倾向于和对自己有好处的人交往，也喜欢和好人交往，但爱情是人际交往中的一种特殊关系，并不是所有的"好人""优秀的人"都情感顺利，不会遭到拒绝。

如果对方已经说了"不好"，那就不好吧，用不着去纠结为什么不好，或是强迫对方说"好"。如果你认为自己足够好，你就应该有这样的意识，是他失去了你，而不是你失去了他。你不过是失去了一个不爱自己的人，而他却失去了一个爱他的人，他的损失比你大。

## 自尊与亲密关系

你喜欢自己吗？你怎样看待自己的呢？这会影响到亲密关系吗？

心理学上有一个概念叫"自尊"，指的是一个人对自己的总体评价。如果对自己的技能和特质持正面评价，自尊水平就高；如果总是怀疑自己，自尊水平就低。高自尊的人一般比低自尊的人活得更健康、更幸福。

低自尊的人容易低估伴侣对自己的爱，莫名地感觉到伴侣的漠视而损害亲密关系。他们很难相信伴侣真的、深深地爱着自己，对爱情持不乐观的态度。他们对伴侣偶尔的负面情绪反应过度。他们会感受到更多的拒绝，经历更多的伤害，更容易发怒。

当亲密关系遭遇挫折时，高自尊的人能拉近和伴侣的距离，努力修复亲密关系，低自尊的人则防御性地把自己隔离起来，生闷气，认为自己很受伤。

心理学家认为，依赖他人总是要冒风险的。与伴侣的亲密联系让我们享受到支持和关心，但如果发现伴侣不值得信赖，也让我们容易受到伤害。高自尊的人因为对伴侣给自己的爱恋和关心充满信心，即使亲密关系出现困难也能和伴侣拉近距离。相反，低自尊的人持续地怀疑伴侣对自己的关心和信赖，所以一旦情况变糟就从伴侣身边离去，保护自己免受伤害。我们都需要在与他人的联系和自我保护间保持平衡，但低自尊的人总把自己脆弱的自尊心放在亲密关系的前面。

# 06

## 痛心，
## 舔舐伤口的快感

"这种感受既让我痛苦，又让我迷茫，同时我好像又很享受。"

让那些痛苦安安静静地待在内心的某个角落，没必要刻意清除它们，更没必要把它们拿出来咀嚼。

# 你为什么会对痛苦上瘾

在痛苦中也存在着"舒适区"。主动打破痛苦比被迫适应痛苦要更艰难，所以很多人选择在痛苦中煎熬，或享受。

很多人在感受痛苦的时候，能从中找到快感，甚至有时不愿从这种快感中自拔。他们舔舐伤口不是为了治愈，而是为了享受舔舐的过程。

Susan 和自己的青梅竹马结婚生子，她一直认为自己的爱情无比纯洁。直到他发现丈夫和一位女性交往甚密。

"我和那位女性根本没什么，只是她做了一些感动我的事，在生活中遇到一些问题会向我请教。我对她只是同情，我只爱你。"

Susan 确实能真真切切地感受到丈夫还是爱自己的，也相信他对自己是真心的。

"但是，他为什么要瞒着我与那个女人交往呢？如果像他说的对她没有感情的话，会接受她的付出吗？他接受了她，然后又告诉自己不可能爱上她，所以心存愧疚，感到不能拒绝对方的付出，害怕伤害了对方。这是一种什么样的循环、什么样的逻辑？他如果不需要从她身上获取什么的话会对她感兴趣吗？会一直接受吗？"

Susan 不断揣摩丈夫的心理，猜测他对她的感情到底处于哪个阶段。

开始看《钢琴教师》的时候，Susan 很难理解那位女钢琴师用刀片划伤自己时的快感。明明是痛，怎么会觉得舒服呢？现在，她似乎能体会这种感觉了。

她受到了伤害，觉得自己委屈，总是不停地在内心中挖掘自己委屈的根源，对方的行为是如何无耻，自己是如何无辜和无奈……头脑中没完没了地放映各种场景，这种行为好像会上瘾。她越觉得自己委屈，情绪越激动，越止不住地找对方的"罪证"，以证明自己的无辜。现在，她绝对能凭着自己找到的一些证据把对方打入"十八层地狱"，所以她很愿意去想。她不停地回忆、分析这件事，不停地咒骂他，并从中获得快感。

忙完了一天的工作，把家里的事情都安排好后，她就更可以躺在床上专门想这些事了。想的内容是痛苦的，但是这个过程似乎又是享受的。

这些天，她已经习惯了这种让自己心痛的感受。如果现在有人想把她从这种状态中拉出来，她还有些不舍。"感觉我有些心理变态，这种感受既让我痛苦，又让我迷茫，同时我好像又很享受。"

becoming a woman with inner strength

受委屈的程度有多大，为自己找冤屈的快感就有多大。这可能是一个人的自我病态的和谐状态。

我：在这件事上，你有一种被蒙在鼓里、受骗的感觉对吗？

Susan：是。

我：客观地说，你认为他爱你吗？

Susan：（不假思索地回答）爱！

我：既然还能感受到他的爱，表明你们的关系并没那么糟糕。

几乎每个人都有生活的压力，都会不自觉地给自己找一些出口。这件事情导致 Susan 产生了很大的怨恨，她觉得他没有必要隐瞒自己。但对于丈夫来说，他可能认为没有必要告诉她。他并没有做什么实质性的伤害她的事情。丈夫已经真诚地向她道歉，并说会好好经营他们的婚姻，Susan 完全可以大度地让这件事情过去。

我们可以看到，有些女人在受伤后哭泣时，可以抽泣很久，一想起来就觉得委屈，情不自禁就会默默流眼泪。她们当然也知道自己不能这样下去，然而就是这种情绪让她们不可自拔，事情本身对她们造成的影响其实早已淡化。

跟 Susan 交流一番后，我问她："你是否觉得夫妻之间必须要做到百分之百的坦诚？"她很明理地回答："没有必要，因为每个人都有隐私……"当她能这样理性回答问题的时候，我相信她很快就能从自己的负面情绪中解脱出来。

# 你为何会习惯性受伤

别人对你的伤害，有时候是你自己的选择。因为在你可以选择拒绝的时候，却选择了接受。

在你的生活中，有没有那么一个人，一而再，再而三地伤害你？有时候你对他已经伤心欲绝了，可他真诚地道歉、悔改，让你又重新燃起希望。遗憾的是，不久后你的希望又破灭，你再一次受到伤害。

Angel 是一位漂亮的女孩，男朋友是比她高一届的学长，Angel 的心几乎全部被他占据了。为了博得他的喜爱，她越来越注重自己的外部形象，她给他洗衣服，给他做好吃的食物，陪着他熬夜看球……两人有过一段美好的时光。后来，男朋友毕业后到另外一个城市找到了理想的工作，而她还要在学校继续学习一年才能毕业，两人成了异地恋。

分开后，他们的联系莫名其妙地变少了。最初，Angel 会主动问他工作后的情况，电话中，他有些匆忙和不耐烦。慢慢地，Angel 不主动联系他，也就得不到他的任何消息，他从不主动跟 Angel 联系。

Angel 不知道他为什么突然变得这么冷淡，而且没有任何解释。她常常蜷缩在床的一角猜测，也许他工作太忙，也许他不想把精力放在恋爱上，也许他又喜欢上了别的女孩……她找不出答案。Angel 的自尊心很强，不想让他觉得自己缠着他不放。渐渐地，他们不再联系，一段感情不了了之。有时候看到他的微信，Angel 很想和他说几句话，但又不知道说什么，只能默默地打开对话框，又轻轻地关掉。

这段表面看起来没有深入的感情，对她产生了巨大的影响。Angel 强迫自己不去想他，但这种压抑越强就越容易在梦里见到他。尽管她常在内心深处告诉自己，他其实对她没那么好，没那么在乎她。

偶然的一天，他们又相遇了。他刚结束一段婚姻，孩子判给了前妻，而 Angel 还单身。他告诉 Angel，其实他爱的人一直都是她，Angel 似信非信。后来，他经常给 Angel 打电话、送礼物，Angel 封闭的心门又慢慢开启，最终没能抗拒他的热情追求，两人走到了一起。

绕了一大圈后，两人最终又走到一起。Angel 很珍惜他们在一起的日子，可是生活并不像她想的那样幸福快乐。Angel 发现他还是原来那个他，遇事马上把责任推得一干二净，而且从不解释，动不动就玩消失。

有一天，Angel 发现自己已怀孕两个多月，她以为会给他一个惊喜，没想到他听到后的反应却让她大失所望。他顿时脸都"绿"了，叫 Angel 早点把胎儿打掉，因为他不想再要孩子了。Angel 很愤怒，质问他是不是没想跟她过一辈子。他说她无理取闹，并冷漠地告诉她，这个孩子他肯定不要，早点打掉对她的身体有好处。

那次吵架后，他又消失得无影无踪，打电话给他不接，发信息他不回。他消失了一个礼拜， Angel 就疯狂地找了一个礼拜。面对这样一个不负责任的男人，Angel 这次真的痛心了。躺在冷冰冰的手术台上，眼泪抑制不住地往下流，她知道他们不可能再继续下去了。

几天后，他回来见到躺在床上疗伤的 Angel，真诚地向她道歉，他说自己压力太大，只想逃离，并请求她的原谅。他为 Angel 熬粥，为 Angel 洗内衣内裤，Angel 看书的时候他就趴在床边乖乖地陪她，而且他几乎推掉了所有的应酬来照顾 Angel。他双手捧着 Angel 流泪的脸颊，轻声地安慰她："一切都会好起来的。"Angel 的心再一次被他软化。她想，也许他现在真的压力很大，并不是不在乎自己。

但自从这次后，Angel 很多时候还是会为他们的未来担忧，因为她每次提出要结婚，他要么装作没听见，要么支支吾吾。她不确定自己在他心中到底处于一个怎样的位置，但她一直都期望他有一天会改变，会发现她的好，关注她，在乎她，呵护她。很多次，她痛苦得想离开，最终还是"没骨气"主动提出分手，因为她不甘心，割舍不下初恋，割舍不下曾经的付出。

直到有一天，Angel 在他的包里发现了一个安全套，而他们之间是不用这种东西的。那一晚，Angel 终于提出了分手。

---

becoming a woman with inner strength

一个人为什么能被同一个人多次伤害？一个你不在乎的人，在情感上是根本伤害不了你的。如果别人总是伤害你，并不是因为他真的能伤害你，而是你甘愿忍受这样的伤害，是你给他机会来伤害你。

做一个内心强大的 *女*

生活中这样的事经常发生，A 抛弃了 B，B 受伤了；A 再次追求 B，B 接受了；A 再次离开了 B，B 再次受伤。

当 B 再次接受 A 的时候，她心里是有期许的。在她选择接受的时候，一定做过风险评估，她知道有再次被伤害的风险还依然自愿接受，原因在于她还爱着他，她还有幻想。有恋爱就有失恋的风险。她可能也曾想到要给自己的心灵立起一道坚固的防护屏，那样就不会再受到 A 的伤害了，但得不到 A 的"爱"，这更不是她所愿意的。

很多人会说："你傻呀，人家抛弃过你一次，还让他抛弃你第二次？""他不是个好人，你当时就不应该再次接受他。"遇到这样的女孩，我经常让她从自己身上找原因，到底谁该为你的难过负责？你可以抱怨遇人不淑，当你已经发现对方"不淑"时，你还与他在一起，是你自己离不开他而跟他在一起，还是为了做善事怕他孤单而跟他在一起，抑或受到他人的胁迫而跟他在一起？都不是，你是自愿的。

当你觉得被别人欺负的时候，思考一下，你是不是觉得反抗要比忍受更加的费力？就像 B，当 A 第二次追求她的时候，是不是拒绝比接受更痛苦？因为这个故事还可以继续下去，A 第三次追求 B，此时，B 还接受 A 吗？这需要问问自己的内心，承受他的伤害和离开他，哪个更痛苦，两者相权取其轻。

所以，这样的情况，人们最终并不是被对方伤到了，而是自己伤害了自己，而且这种伤害是经人们风险评估后甘愿受的伤害，只是有些人并不愿意承认而已。

# 你的极端只会伤害你自己

不要用伤害自己的方式去惩罚别人。你想用这种方式让对方愧疚，但代价太大，而且对方不一定会愧疚。

一个夜里，朋友开车送我回家的路上，途经一条灯光昏暗的小路。我们正常行驶在道路中央，突然发现前方 100 米左右处有个人躺在地上一动不动，旁边有一位男生时而与躺着的人说话，时而拉一下，一副不知所措的样子。此情此景，我的头脑中瞬间冒出各种担忧。

我们最终还是靠边停车了，为了安全起见，朋友示意我先别动，他自己走向他们。接着，马路边上又陆续有几辆车停了下来，司机们一起走向路中央的那两个人，看是否需要帮助。

一会儿，朋友骂骂咧咧地回来了，并说明了原因。原来躺着的女生因为生了男生的气，非要躺在马路中央死给男生看，而这位可怜的男生既不能扬长而去，也劝不动，所以他们就一直僵持在那里。那些好心停下车来准备帮忙的司机们都无语了，一个个又驱车离去。

很多人经常在受到伤害后生气、郁闷、自虐，甚至割腕、服毒、跳楼……本来被伤到已经很不幸，为何还要给自己增加更大的不幸？如果想用这种方式威胁对方就范，这个风险就太高了。

> 自我伤害的行为如果形成习惯，就是一种病。这就好比自己摔了一跤，起不来的情况下，自己又给了自己一拳，再起来就更难了。

当人们受到严重打击时，顿时会否定自己，认为总是事与愿违，自己没有用。否定自己，否定到极致就是毁灭。用弗洛伊德的观点来解释，就是激起了人们的死亡本能。

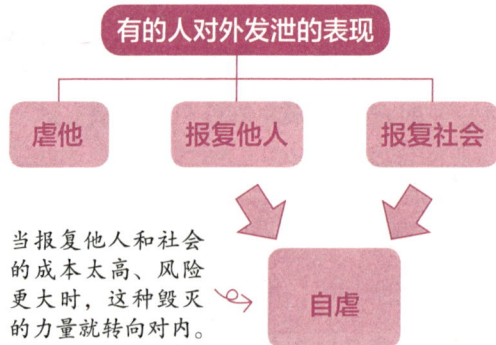

```
有的人对外发泄的表现
  虐他    报复他人    报复社会
              ↓      ↓
              自虐
```

当报复他人和社会的成本太高、风险更大时，这种毁灭的力量就转向对内。

这样的行为，一方面能释放自身的压力，缓解焦虑感和痛苦感，把心里的痛苦转移到身体上，使压抑在心中的负面情绪得到宣泄，甚至会得到些许快感，总之，这股邪恶的力量要被发泄出来。

另一方面是为了引起他人注意，这种行为是做给别人看的，企图给对方施加压力，让其产生威胁感，逼其就范。比如有的人受到委屈，为了证明别人的错误，宁愿"以死明志"。

大多数的人自虐倾向都还没到心理疾病的程度，只是一种本能的获得快感的方式。只是这一时的快感恐怕要给自己带来长时间的痛感。其实，以我个人的经验，这种情况下，只要理智地告诉自己"不能这样"，完全就可以控制住"自毁"冲动。比如，我们可以设想这样一个场面：

当你和他人吵了一架，你感觉很崩溃、很烦躁、很受伤的时候，你冲出家门，这时天空恰好下起了大雨，此时你很可能做出的一种举动就是冲入暴雨中，并对自己说"淋'死'我算了"。尽管此刻你感受不到寒冷，但最终可能导致感冒，一病不起。

如果哪一天，这个场景真的发生在你身上，你能很淡定地避雨，或乖乖地回到家中，多穿点衣服，你就懂得了真正心疼自己。

还记得几年前的一天，我忙了一整天的工作，饿得饥肠辘辘，心烦意乱地回到家，先生还责怪我某件事情没处理好，我们大吵了一架，我心中无比委屈。愤怒中，我来到朋友家，朋友听说我一整天都没吃东西，就心疼地对我说："你先吃饱了再说，我给你煮碗面吧。"当时我本来想赌气不吃，怂怂地想："就让我委屈到底吧，就让他对我愧疚去吧！"后来，我转念一想，还是得爱自己，身体重要，我的胃本来就不好，可不能因为生他的气而亏待了它。于是第一次在生气的情况下，我还津津有味地吃了一大碗面。

自此，我有了一个宝贵的体会：自己与他人的恩怨是一回事，自己照顾好自己是另一回事。千万不要因为别人伤害了你，你就要"死"给别人看。那样，你岂不是变成别人伤害自己的"同谋"了吗？

# 谁都有心情不好的时候

情绪是有规律可循的。找到规律能让你更好地管理情绪。对情绪低潮期的到来做好心理准备，相信低谷会过去。

每当我的新书发布不久，我的邮箱总是被读者们的邮件塞满，有时候，我还会接到读者的电话，我都尽可能地认真倾听。她们在电话中描述事情的始末，其实也是梳理自己的思路和整理情绪的过程，有的说着说着就没那么愤怒了；当然，也有一些人越说越觉得自己委屈，越愤怒。

待她们把情况大致表达清楚后，我通常会让她们用5个词语来形容一下她们抱怨的对象。如果她们说出来的5个词都是负面的、贬义的，就很容易判断此时她们正深陷负面情绪中，对周围的人和事的评价都不是那么客观的。

比如，有的女孩评价自己的男朋友"自私、没有责任感、懒惰、大男子主义、小气"，全是负面词汇，令人不免要问：这样一个一无是处的人，当初是如何吸引你的呢？当一个人完全被你否定的时候，他所做的一切即使是好的，也会被你理解为是不对的。

当我们的头脑被某种情绪占据时，先倾听，用合理的方式发泄，然后平静地等待情绪褪去，再做打算。

做一个内心强大的女

很多人都是一遇到问题马上就寻求解决方法。比如，有的女性前一天晚上不小心看到丈夫手机中有他和其他女性暧昧的信息，一整夜睡不着觉，感觉家庭马上就要破裂了；有的女性因为跟丈夫吵架，丈夫对自己恶语相向，感觉天马上就要塌下来了，随之而来的是失眠、无心工作、情绪低落、难受。当她们向我表述的时候，情绪非常激动，语无伦次，感到自己遭受了重创。

这个时候，读者来找我，我会先让对方把整件事情描述出来，然后表示理解，并教她们一些放松的方法，然后让她们知道任何"灾难事件"的发展都有一个"自生自灭"的过程。

抗拒期——当一些不好的事情发生后，人们会本能地不愿意接受，不愿意相信、抗拒，此时也会伴随生理上的变化，比如，心跳加快、呼吸加

第一程　第三程　恢复期
抗拒期
第二程　接受期

快、血压升高、头疼、失眠等。这一时期，人们处于警觉和搏斗状态。

接受期——随着时间的推移，人们逐渐恢复理性，慢慢接受现实，将全部精力放在解决问题上。大多数人的焦虑水平会下降。

恢复期——想办法解决问题，弥补损失，力图让自己的身心达到新的平衡。

一个人遇到灾难性挫折产生的所有心理症状（包括寝食难安、情绪低落、失眠等）都是正常的，事情也许没有想象中那么糟糕，况且这些事情基本上都曾经或正发生在很多人身上，并不是什么"疑难杂症"。

经常有朋友问我，你是学心理学的，怎么还有情绪不好的时候？我生活在红尘之中，是一个有七情六欲的人，为什么就不能有情绪不好的时候呢？喜怒哀乐，每种情绪的产生都是正常的，学心理学的人会更加注重情绪的调节，而不是压抑某种情绪。

每当我情绪低落的时候，我就会告诉自己，现在的我正处于"抗拒期"，我不会一直这样下去，等过了这个阶段，内心就会慢慢平复，就会做出相对理性的思考和判断，然后进入接受期，进而便是恢复期。我会告诉自己："过了今天，明天我就好起来了。"事实上，当第二天看着太阳从东方升起时，我的心情确实好了。

当了解自己的情绪发展规律之后，就不会那么急躁，就能平静地看待之前发生的事了。毕竟现在发生的所有事，无论是好的还是不好的，都即将成为过去。

# 都是他的错

对与错都是相对的，并不是绝对的。一方错了，并不意味着另一方就是对的。反思是一种能力，认错是一种勇气。

在舔舐伤口的同时，人们本能的第一时间会去追究对方的责任。然而，亲密关系中的一些"事故"，很难分清到底是谁的责任。"都是你的错！"这句话不免有些武断，等于否定了对方的好，否定了对方为你做的一切。有一位女性控诉丈夫从不关心她。他真的从来没关心过她吗？他也曾为她做早餐，接她下班，她生病时他也曾用心照顾过她。虽然这都是以前的事，但不能因为现在关系不好了就将它们全部否定。

"都是你的错"这样的话如果在愤怒之下已经说出口了，请记住，它只是在你们发生"战争"时，你情急之下拿出的一个伤人的武器，并不应该成为你对他下的一个结论。在你的内心中，应该清楚地知道，难道真的都是他的错吗？你一点责任都没有吗？你只有这样想，并找出自己的责任，你才会发现，自己并不是受害者，自己也要负一定的责任，此时，心中的怒火才可能平息。

> 人在这个社会上都有寻找肯定的需求，他从你这里得不到肯定，不仅不会给你肯定，还可能去别人那里寻找肯定。

有时候，我与先生发生矛盾，在气头上时我会说一些用于与之较量的话，不想在口头上就被他打败，事后我又会偷偷地问自己，他真的像我刚才说的那样不好吗？这也是我近几年才有的觉悟。当有了这个觉悟，我就继续悄悄地找出他的各种好来。慢慢地，思维引导行为，自己也就不觉得那么委屈了，有时候站在他的角度去想，觉得他比我还不容易、还要委屈。

出现问题时最快速有效的解决方式，不是找责任人承担责任，而是认识到责任是双方的，你要主动承担自己的责任，并愿意朝着好的方向去修正。对方大多都会感受到你的这种大气。他也会愿意跟你一起修正他的不足。我相信没有人是"战争狂"，只要一方不恋战，"战争"通常都不会持续很久。

两个人的关系出现问题，我喜欢"各打二十大板"。如果只打别人不打自己，就会纵容自己，或是产生"受害者"心态，怨气难消，而且问题得不到解决，下次还会重现。现在想想，你"打"别人的同时，或你"打"过别人之后，"打"过自己吗？

# 为什么说"家"会伤人

在感情中，解决问题比追究责任更重要，也更容易达成一致。无力也无心改变现状的人，喜欢把一切责任都推向对方或过去。

很多恋人或夫妻之间的某些矛盾，似乎永远解决不了。尽管他们力图通过平静的沟通把问题解决掉，但遗憾的是，每次平静的沟通都会变成大声争吵，以失败告终。就好比两人面前有一个结，彼此都怀着良好的意愿，努力想要把结打开，结果却事与愿违，越解结越大。

有一对夫妻，都自认为是讲道理之人，都觉得自己在外面跟朋友沟通没有任何问题，可是一回到家里跟对方沟通就非常费劲。双方都感觉跟对方讲道理讲不通。最后双方都默认不沟通是最好的办法，因为每一次吵架都太伤感情。他们虽然保持着日常交流，但基本没有心灵上的沟通。

我们来看看，他们每次沟通（或吵架）的内容。

A：你觉得你这样做合适吗？（就当前问题追究对方责任。）

B：有什么不合适？你该想想你自己！（只看到对方的责任。）

A：想当初，你是怎么对我的？（由当前问题转移到"历史"问题。）

B：那还不是因为你……（在"历史"问题中不断挖掘对方的责任。）

A：谁让你父母……那样对我！（表示责任不在自己。）

B：你能不能不那么敏感？（反复强调问题不在自己，而在对方。）

A：是我敏感吗？还是你太自卑？（很容易发展到人身攻击，而且没有人愿意得到"敏感""自卑"这样的评价。）

B：……（沟通下去，会发展至彼此指责，永远找不到问题的根源。）

A：我们之间已经没有感情了。（一方心灰意冷。）

B：是的，没有感情了。（在这一点上，双方倒是很容易"达成共识。"）

他们每次发生矛盾进行沟通的时候，几乎都会重复以上内容，总会从当前问题转移到"历史"问题上。都想解决问题，但又因为彼此都不承认是自己的问题，所以每次都是争吵，彼此消耗了很多能量，问题没有解决，却大伤感情。想一想，你是否进入过这样的模式？结果怎样？

有人说，只有找到根源，下次才不会发生同样的事；只有追究到责任，下次"肇事者"才会不再犯。这种思维确实有道理，但如果找不到根源呢？或是你找到的"根源"对方无法与你达成共识呢？这个问题要

becoming a woman with inner strength

新问题的解决并不一定要建立在老问题先解决之上，况且很多堆积的问题真的说不清到底是怎么造成的。

做一个内心强大的女

一直停留在找原因的阶段吗？

那么，当我们遇到问题时，如果先不找原因，不追究责任，而是直接解决问题，会怎样？就像下面这幅图：

当我们把大部分精力都耗费在"往后倒"时，就会忘了"往前走"。还是上面的沟通场景，我们换一种沟通思路，也许情况会大不一样。

A：发生这样的事情我很难受，但我很珍惜现在的生活。（先给问题定一个基调，让对方知道你的方向是积极的，你在建设，而不是破坏。）

B：难道你觉得我不珍惜吗？（都承认自己珍惜现在。）

A：我知道这件事上我有责任，近期我对你的关心太少，我以后会……（表达以后自己会怎么做。）

B：我做得也不好……我以后也会注意。（表达自己以后会怎么做。）

A：都有做得不好的地方，我们一起慢慢改吧。（为解决问题而共同努力。）

B：……（默认，达成共识。）

不纠结于过去，把目标指向未来。其实只要以这种思想为指导，"我知道都有责任，现在我愿意改，你愿意吗？"彼此之间就会减少很多不必要的消耗。人生已经不易，又何必把精力都耗费在那些说不清、道不明的事情上呢？

# 你为何痛得"不可自拔"

很多时候，你认为自己"不可自拔"，可能只是因为你没有真正想要"自拔"。想要从痛苦中解脱出来只能靠自己。

没有人能伤到你，是说一个人若内心强大，就可以将那些外在的伤害减弱或者屏蔽掉，这是一个修炼的过程。

受伤总是难免的，我们需要足够的恢复力，在短时间内调整身心，恢复到从前，甚至比以前更快乐。遗憾的是，很多人受伤后想到的并不是早日恢复，而是沉浸在伤害中不能自拔。很多人说"不可自拔"，我一直坚信，除去生理上的强大力量，没什么是不可自拔的，很多人不是不可拔，只是不想拔。

哪些行为会造成我们的"不可自拔"呢？

第一，不断强化自己受的伤害。

痛苦的记忆谁都不愿意留在脑海里，但一时抹不去怎么办？有些记忆就让它存储在脑海深处就好，不用刻意地忘掉。试一试，你越是告诉自己不要去想，你的大脑偏偏就会去想。当一个人说"我不愿意去想过去那些事"或"别在我面前提他"的时候，他内心肯定是没有放下的，因此刻意回避并不是好办法。

有些事说出来，当时会舒服一点，但说一次就是强化一次，你的记忆就会更深一点。多年以后你可能会记得你曾经对某人说过什么话，或是说过什么事，但你绝不会记得曾经想对某人说一件什么事。就像我们读文章一样，一篇文章你自己读一遍，和你读过之后再给人描述一遍，两者在记忆中的存储程度当然是不一样的。

很多人对于往昔的美好经历都很擅长忽略，但是对于过去的一些痛苦的、尴尬的经历却是记忆犹新。一个在不断回忆痛苦经历的人，就是在不断地重温痛苦。

becoming a woman with inner strength

要想从痛苦中解脱，就需要很理智地关掉痛苦的阀门。就是让它们安安静静地待在内心的某个角落，没必要经常把它们拿出来"晒"。

—— 做一个内心强大的女

第二，任由自己沉浸于痛苦中。

有一个女孩，她相恋三年的男朋友爱上了别人，突然跟她提出分手。她当然无法接受，每当想起过去男孩对她的种种誓言，看到他发给自己的信息，以及他送的礼物，她就痛苦万分，特别是夜深人静的时候，她常常情难自制地抽泣。一个曾经那么爱自己的人，现在却是伤自己最深的人。

她每天以泪洗面，她习惯了他的存在，觉得自己已经离不开他了。她要挽留，于是，给他打电话，可他不接，给他发信息，他不回复，后来他干脆换了电话号码，她根本连他的人都找不到了。

这种结局是最让人不甘心的。不管怎样，她一定要把他找到。那段时间女孩根本无法正常工作。后来干脆辞职专门去找他。终于有一天，女孩在一个咖啡厅看到了他，当时男孩怀里还有一个漂亮女孩。前男友为了摆脱她的纠缠，当众奚落她。这对她是个巨大的刺激。她开始抽烟、喝酒，随意交男朋友。她想报复前男友，也希望麻醉自己。可是，她的这些行为最终既没有对前男友产生任何影响，也没有让自己麻醉。她陷入了越来越深的痛苦之中。

有些事情发生后，会给我们造成很大的伤害，虽然我们不知道多久可以彻底恢复，但至少可以让自己朝着恢复的方向去努力，有意识地保护自己不再继续受伤，或受第二次伤害。

除了以上两点，还有一个巨大的力量让受伤的人们不愿自拔，那就是——怨恨与不甘心。有一个女孩说自己想报复那个男人。他们交往了一年后，她才发现他原来早已结婚，且有两个孩子。她曾在他的手机里发现过一些小孩的照片，也曾有过怀疑，但都被他否认。他信誓旦旦地说自己是单身。当他的谎言被戳穿后，他说自己是真心爱她，还嬉皮笑脸地说希望她和他的妻子做姐妹。这样的伤害，是可忍孰不可忍！所以她正谋划着怎么报复他，即使鱼死网破也在所不惜。这种心情当然可以理解，可是报复又会给自己带来什么呢？

becoming a woman with inner strength

> 当我们遭遇损失时，最明智的办法是及时止损，而不是再花大量的成本去挽回损失。何况有些损失几乎是无法挽回的。

——做一个内心强大的*女*

每个人的生命中总会有些遭遇。有一些需要我们努力争取，甚至固执地去改变；而有一些根本没有必要苦苦追问"为什么""凭什么"。

我曾举过这样一个例子，某天，你精心打扮一番，开开心心地去赴约，想着马上就要见到心爱的人了，万分激动。可就在这时，路上突然窜出一个家伙打了你一拳。你顿时愤怒至极。当即，与这个家伙讲理、纠缠、较量都是情理之中的事。如果这样，你还有时间去见你心爱的人吗？你还有时间跟他共进午餐、愉快地玩耍吗？

疼痛，常常让我们忘掉生活的本意。即使受了伤，我们也有必要提醒自己，我们的一生应该在追求快乐中度过，而不该把大好的青春花在与不值得的人周旋上。

"难道真的要这样放过他吗？"当你这样问自己时，先想想，怎样才能放过自己。

## 痛苦的来源

有时候，我们的痛苦并不来源于某些事情，而来源于我们对这些事情的不合理认知。不合理的认知通常是否定的、消极的、负面的。你可能因为担忧而产生这些想法，而这些想法又会导致更多的焦虑和担心，如果你不加以控制，这个循环可能就会没完没了。心理学家韦斯特把不合理信念归并为三大类：

1. 绝对化要求。从自己的意愿出发，执着地认为某件事情应该或必须怎样。比如，妻子认为丈夫应该时时刻刻都能理解自己。事实上是不太可能的。

2. 过分概括化。一种以偏概全、以一概十的不合理的思维方式。比如，当你感情受挫后就认为自己一无是处，不再会有人喜欢你了，你再也不相信爱情了。然而，事情并不是这样。

3. 糟糕至极。认为如果一件不好的事发生了，将非常可怕、非常糟糕，甚至是一场灾难。比如，妻子发现丈夫撒谎了，于是联想到自己的婚姻已经不单纯了，丈夫背叛了自己，婚姻走到了尽头……在消极情绪中陷入恶性循环、走向极端而难以自拔。

这些不合理的想法导致了消极情绪的产生。我们每个人都有重塑信念的能力，当我们意识到它们的存在时，改变就开始了。

# 07

## 纠结，
## 心已不再还能继续下去吗

心已经游离在外，生活还能逆
转吗？

人生苦短，别让行程太寂寞，
有一个相爱的人陪着你，有一双温
暖的手牵着你，比什么都重要。

# 心已不在，还能过下去吗

当心已不在时，婚姻依然可以维持下去。爱情、育儿、经济、养老等都是婚姻的功能。一个功能丧失，并不一定会导致婚姻解体。

在同学聚会上，女同学们八卦到了一位男同学出轨的事。

A：好在他的妻子不知情。

B：就算知情她也未必会离。

C：要是我，马上离！

我：离了，然后呢？

C：不离的话，这样能过下去吗？

对于冲动型人格的人来说，遇到伴侣背叛，很容易马上做出离婚的决定或举动，但是大多数人在离或不离上，总要纠结一段时间。理智的人都会自动地权衡成本和利益。很多人想离又没离，或许是考虑到离婚的成本太高，或结局比不离更惨。

C非常不理解那些在婚姻中将就的女人们。因为她假定离婚后的日子都是快乐幸福的。这只是一个假定，离婚后的日子对于女性来说，未必就比现状好，经济压力、家务活、独自抚养孩子，下一段感情会怎样？未知。所以在对未来没有把握的情况下，很多人选择了维持现状。然而，在有替代对象出现的情况下，人们离婚的概率就会增加，因为人们以为自己看到了幸福的未来，事实证明，大部分人看到的是假象。

C：一个人变心了，勉强过下去会好吗？（C就这个问题不停地追问。）

我：如果彼此都没有了感情，当然没必要勉强过下去，但或许对方只是短暂的游离。就像我们看电视剧看累了也想要歇会儿，看到新鲜、有创意的广告，眼睛也会随之一亮。

C：对，最好是短暂的，如果不是呢？

我：还是回到开始的话题，如果不是，人们也会考虑离婚成本。

C：成本比幸福更重要吗？

我：如果离婚后一个人带着孩子过得凄凄惨惨，比不离时过得还水深火热，不也是另一种不快乐吗？

C：为什么就凄凄惨惨？

我：这只是假设。如果一个人认定离婚后自己会过得很潇洒，又或者认为自己的婚姻到了非离不可的地步，当然可以选择离婚。

becoming a woman with inner strength

　　幸福与一个人的生活满意度有很大的关系，而生活成本是生活满意度中很重要的一个影响因素。

做一个内心强大的女

我们的上一代人，无论自己受多大的委屈，宁愿一辈子不快乐，也闭口不提离婚这件事，为什么现在的年轻人动不动就离婚了？过去，人们受到传统观念的影响，认为想要和恋人在一起生儿育女就要结婚，选定了一个人就要过一辈子，离婚是一件耻辱的事情。现在人们的观念发生了巨大转变，不想过了就离吧。其实，人们对婚姻的随意性态度恰恰影响了婚姻的品质。

现代社会赋予人的自由度越来越高，人们也越来越关注自我感受，当亲密关系出现问题后，大家都没有太多耐心去寻找"解药"，很多人认为寻找一个新人更容易更、更轻松。婚姻中只要出现一点儿问题，很多人总会充满自尊地告诉自己："你不在乎我，自会有人在乎我！""我并不是离不开你！"这种想法虽然教会了人们独立，但也教会了人们对待婚姻更加随意。

并不是我的观念有多传统，每当有人问我："这种情况，你觉得我离还是不离？"我都让他们把这个问题放到最后再说。很多人对爱人还有感情，但无法接受对方背叛的事实，处于极度纠结中。我让他们弄清楚一个问题，离不离其实并不是最重要的，最重要的是一定要清楚两人是怎样从夫妻恩爱走到了非要分道扬镳的地步。就算离，不也要离个明白吗？

"心已经不在了，这日子还能过下去吗？"这几年有不少读者与我讨论这个问题。我只想说：对你们的关系有一个客观的判断，如果你认为彼此的关系是可逆的，那么就做出一些举动来逆转；如果你认为已经不可逆，就是说你已经无法说服自己跟对方继续生活下去，或是对方铁了心要跟你分开，那么就没必要再纠结于此了。好合好散！

# 离，还是不离

离婚牵扯到很多复杂的问题。离婚后的生活是否可能比当前生活更好，还是会变得更糟？答案是——择优而选。

天底下并不是所有的爱情都能天长地久，也并不是所有的夫妻都能白头偕老。在结婚时，很多丈夫都对妻子说：我爱你，我将一辈子呵护你，让你成为世界上最幸福的女人；妻子对丈夫说：在我的生命中，最美好的事情就是遇见你。这样的誓言让旁观者们感叹世间最美好的事不过如此了。然而，多年以后，丈夫可能挑剔妻子没情趣，妻子可能挑剔丈夫没出息，两人恶语相向，让旁观者再次感叹，这世间的爱情真的靠不住。

当日子已经过得没意思的时候，当自己无所适从的时候，离，还是不离，这是个问题。

有一次，一位女性朋友 Bety 来我办公室谈工作，我们谈完正事后闲聊起来，她当时刚刚离婚四个月，看起来自我调整得还不错。几个月前，她曾在离与不离的问题上非常纠结，想看心理医生，但询价后觉得太贵就放弃了。当时又到书店看书，希望有一本书能给她答案，但遗憾的是没找到一本关于离婚主题的书。离婚后，她感觉自己调节得差不多了，就开始着手一件事——采访一些离异者，希望能将资料整理成书，以帮助像当时的自己那样无助的朋友们。

我问 Bety 要在书中表达什么样的观点。她说要鼓励大家，离婚后的生活更精彩。我当然很佩服她这种"积极"的生活态度，但每个人的情况不一样，站在自己的主观角度一味地鼓励离异，并为离异者摇旗呐喊未免有些不妥。

在我和读者的交流中，感情不和的人十之八九都动过离婚的念头，但结果日子照样过，有的人过得还越来越美好。对于纠结要不要离婚的人，通常我会问其三个问题：

| 问题一 | ·你还爱他吗？ |
| 问题二 | ·你现在能感受到他对你（家庭）的关心吗？ |
| 问题三 | ·你真的想离婚吗？ |

becoming a woman with inner strength

离婚只是生活事件之一，想好今后的路怎么走再做决定。

做一个内心强大的女

126

　　无论何种原因，一个你与之生活了多年的人，突然就与他分开，至少在生活上会有些不习惯。无论他好还是不好，你已经习惯了他的存在。

　　很多人情感出现问题后急于分手或离婚，主要是因为他们把现状想得太糟糕，而把下一段情感又想象得太美好。另外，现在越来越多的女性进入职场，在经济和精神上都获得了独立，女性对离婚的恐惧不再那么大，在以前，妻子被丈夫休掉是一件很不光彩的事，而现在男女都有了离婚自由，女性要承受的社会舆论压力相对小了很多；而那些想离婚却暂时没有离婚的夫妻们，则主要因为对离婚代价的恐惧、道德责任感及社会评价的压力。

　　婚姻最无奈的一种形式就是食之无味，弃之可惜。两人生活在一起时，自己也说不清还有多少情感在里面，而一旦要离婚，又会很痛心。

　　因为情感困惑找我咨询或聊天的人很多。每个人状态不一，有的人肝肠寸断，一蹶不振；有的人要与对方鱼死网破；有的人则变成了"私家侦探"，神经高度紧张。其实，事情发生后只有两种选择，接受（不离），或不接受（离）。当然，也有第三种选择，似接受非接受（想离又不敢离）。真正让人痛苦的是第三种。

　　Rose 结婚后对未来的想象就是与爱人白头到老。她觉得城市太吵闹，经常幻想老了以后和他隐居山林，在某个山村建一所小房子，种些蔬菜，养些家禽……过上只有两人的世外桃源生活。

　　现在，她再也不敢去想这些东西了，因为她心里所有的美好都被丈夫的背叛打破了。她容不得纯粹的婚姻中有一丝杂质，所以她主动要求离婚。每次看到丈夫，她都会觉得他肮脏，还会想起那个女人的影子，可是，她对他的爱与依恋又有一股很强大的力量，让她无法割舍。他不在家的时候偶尔会想起他，想起他的好。她非常难受，像走到了一个三岔路口，不知道何去何从。

她的感受我特别理解，就像一个有洁癖的饥饿者，手里捧着一碗可以充饥的米饭，却发现米饭上有一层灰。把米饭扔掉又会饿，不扔心里又过不去那道坎。

其实这样的事情在生活中有很多，一方肉体出轨被另一方知道后，另一方坚持离婚，可离婚后双方仍然思念对方，爱着对方。这时的双方其实更加痛苦。被背叛者会想，我到底做错了什么，他要这样对我，明明彼此是相爱的，为什么非要有瑕疵；而背叛者会想，我已经承认了错误，而且决定痛改前非，你还要我怎样？

爱得越深的人，越会维护情感的纯洁性。通常完美主义者都不太能接受任何情感上的瑕疵，宁愿扔掉，也不愿捧着一块有污点的美玉。一些受传统观念影响较深的人，也总认为婚姻应该保持高度的忠诚度和纯洁度，比如很多有处女情结的男人，宁愿不结婚也不愿意找个非处女，如果妻子在这方面欺骗了自己，自己会有一种受辱感，也很容易提出离婚。

婚姻生活中发现一点瑕疵，或是与自己预期的纯洁度偏差太大，人们实在无法接受，那么就只有选择远离。

对于很多人来说，离婚恰恰不是解决问题，而是掩饰问题，比如，人们的婚外情会掩盖夫妻间很多早已存在的矛盾，如果不把这些矛盾找出来，并进行反思，只是强制性地要求背叛方断绝与第三者的联系，这个问题还是没解决，即使离婚后再婚，下段婚姻中还会出现同样的问题，那时还继续选择离婚吗？

# 是苦海，就要早点上岸

忍让是没有尽头的，忍无可忍时的爆发有可能是致命的。处于严重家庭暴力和长期精神虐待中的女性要懂得照顾自己的情绪，保护自己。

对于离婚的问题，一般情况下，我会尽力多了解一些信息，在夫妻双方都有意愿的情况下"宁拆十座庙，不破一桩婚"，但是，"拆十座庙"能拯救一桩婚吗？若婚姻变成一种桎梏，还继续维持下去，绝对是违反人性的。

有一次我与一位律师聊天，聊到了女性的权益问题。她前段时间刚好到某所女子监狱办事。这座监狱一共关押了2000多名女杀人犯，而且基本上都是杀死自己丈夫的女人。初见她们时，很难把她们和杀人犯联系在一起，有的犯人娇小瘦弱，手无缚鸡之力。那么一个弱小的群体，怎么会是杀人犯呢？但确实，她们杀了人，而且是杀了与自己朝夕相处的丈夫。

她们在进监狱之前，都是老实本分的家庭妇女，大多长期饱受家庭暴力，有的为了自保，有的为了保护孩子，最终被虐待到了极限，在没有办法之下，奋起反抗，把丈夫杀了。虽说她们没有权利剥夺他人的生命，但她们的内心肯定遭受了巨大的煎熬。最终她们由受害者变成了罪犯。再善良柔弱的人，当自己的生命受到威胁的时候，也会拿起武器反抗。

　　可能出于对孩子的考虑，对社会评价的考虑，对生存问题的考虑，很多女性在家中受到委屈，都会一直扛着，她们委屈自己是为了求全，但到最后却不一定求得了全。非要等到自己的承受能力到了极限，再采取反抗和报复的行为，结果就一发不可收拾了。

becoming a woman with inner strength

　　处于严重家庭暴力和长期精神虐待中的女性，即使在婚姻里尝点甜头，也要意识到，自己的人身安全才是最重要的。没有什么比这样的婚姻更糟糕的了！

做一个内心强大的女

　　为什么很多人在这种恶劣的情况下，仍不愿意终止婚姻呢？原因有多种，最主要的恐怕是当事人自己的依赖性问题。一个人的依赖性越强，被抛弃所产生的焦虑也越强，也越不允许自己被抛弃，所以越独立自信的女性越容易有离婚的念头。她们没有逃离的胆量与信心，或是对被虐已经习惯了。

　　在心理学上有一个"斯德哥尔摩效应"或"斯德哥尔摩综合征"，

是说被害者对加害者产生情感，甚至反过来帮助犯罪者的一种情结，这种情感造成被害者对加害者产生好感、依赖，甚至协助其加害其他人。受害者会对加害者产生一种心理上的依赖，他们的生死操纵在对方手上，对方让自己活了下来，他便不胜感激。人们会有这种屈服于暴虐的弱点。

很多女性在朋友和家人面前哭诉被丈夫殴打，事后又会为丈夫辩护，"其实，他也没那么坏""他那天心烦，所以才打我""他也挺可怜的"，这种理解他人的思路值得提倡，但要以自己的人身安全得到保障为前提。

如果长期处于家庭暴力的环境中，受虐的一方就要自救，而且还要懂得寻求社会相关机构的保护。

纠结要不要离婚的女性，除了遭受家庭暴力之外，对方吸毒、嗜赌成性，长期给家庭带来灾难和焦虑，对另一方而言就是婚姻的桎梏。我一般都会建议其尽早脱离苦海。

# 孩子能留住婚姻吗

生孩子在一定程度上可以延长婚姻的时间，但如果孩子生来就背负这样的责任和使命，那他身上的担子该有多大，他该过得多苦。

面临婚姻的破裂，生个孩子能挽救婚姻吗？夫妻是否会看在孩子的分上，将一段名存实亡的婚姻维持到底？

孩子的降临到底对婚姻有什么影响？一般来说，有这样两种观点：

认为孩子会影响夫妻的二人世界，不利于夫妻原有亲密关系的持续。

**丁克夫妻**　**其他夫妻**

孩子是夫妻爱情的结晶，夫妻因此产生了共同语言，也有了共同责任，这样更利于夫妻情感的稳定。

事实上，到底是怎样的呢？

有数据表明，第一个孩子和其他孩子在学龄前提高了婚姻的稳定性。

至少在短期内，年幼的学龄前儿童趋向于使他们的父母在一起，否则他们可能离婚。但是年长的孩子和婚前出生的孩子显著地提高了婚姻破裂的可能性。随着孩子的成长，可能孩子使父母在一起的抑制效应慢慢减弱，身为父母的压力增加了婚姻的压力，从而增加了离婚的风险。

心理学家认为孩子只能延迟，并不能阻止夫妻离婚。

> 孩子的降临，使得离婚的成本高于继续婚姻的成本。

> 妻子局限于家中，工作的自由性减少，有孩子的人比没孩子的人在婚姻中可能感到更多的安全感。

> 离婚会对孩子的成长产生愧疚感。

> 在离婚过程中存在一些困难，比如孩子的监护权、离婚父母共同抚养孩子、单亲问题等。

从某些程度上来说，孩子的到来确实能挽留一段婚姻。然而，就算婚姻不幸福，夫妻也要为了孩子而将就一辈子吗？

我们常听到这样的抱怨："要不是为了孩子，我早跟他离了！"几乎每年的新闻都报道，高考过后离婚率陡然上升。夫妻离异对孩子的影响是巨大的，如果处理不好，可能会影响孩子的一生，所以很多人会尽量维持一个完整的家。但如果让孩子在一个充满火药味的家庭中生活，将来长大了，还让他面对一个为了他而"忍辱负重"多年的母亲，他的心理压力会有多大？

为了孩子不离婚的想法是伟大又无私的，但不离婚真的对孩子的成长有益吗？对于孩子来说，他们需要一个安全、温暖、可依赖的港湾——有父母在的有爱的家庭，但是家庭的功能丧失，只是一个房子和两个陌生人，甚至是天天吵架的两个"敌人"，这样的家，孩子可能早已不再眷念。

becoming a woman with inner strength

孩子需要的不单单是完整的家，更重要的是完整的爱。

如果还要"为了孩子"把日子过下去，那就努力让家庭充满欢声笑语吧。也许很多人会说：这很难做到！是的，很难，但这只是"很难"，而不是"不能"。

觉得日子实在过不下去了，那就分开好了，因为内心的不满会通过表面上的一些表现传递给孩子和家人；如果还不是坚定地想离婚，那就努力经营好自己的家庭，以前的那些恩怨情仇就让它们过去吧，至少不要刻意挖掘出来。

千万不要自己决定不了，而把这个重大的罪过推给孩子。很多孩子小时候不知道父母之间的恩恩怨怨，当他长大后，母亲就哀哀怨怨地说："要不是因为你，我早就离了，我的日子能过成这样吗？"

这个时候，早已懂事的孩子就会恨恨地来一句："离吧，你现在去离，不用考虑我。"接着，母亲就大骂孩子是"白眼狼"。孩子是无辜的，叫他们如何承受得起母亲的痛苦人生？

离不离婚是自己的事，不要把这个决定强加在孩子身上，让孩子背负一生的重担。

# 经济 + 沟通 + 性 = 婚姻的基石

很多婚姻破裂的迹象，其实在初期就表现出来了，主要体现在经济（物质）、沟通（精神）、性（身体）三个方面。

没离婚的女人仍在遭受磨难，离了婚的女人在后悔。有什么办法能开开心心地将日子继续过下去吗？

一位女性咨询者曾和我表达，她有点后悔离婚。其实两年前她就发现丈夫在外面有新欢，她说刚发现的时候难以接受，后来很"宽容"地想了想，孩子还这么小，就这样吧，等他玩得差不多了自然就会回来。于是，她把关注点全都放在了孩子身上，主动放了丈夫一马，对他的事装作不知道，也不闻不问。家里由她和她的母亲一起照顾，丈夫每月固定给家庭生活费用，夫妻俩基本没什么交流。让她没想到的是，她给了丈夫这么"宽松的条件"，最终丈夫还是提出了离婚，而且态度很坚决。一气之下，她就同意了。时隔大半年，现在她竟有些后悔了。

这一点都不奇怪。她自认为对丈夫宽容，也许正是她对丈夫的不闻不问让丈夫感到缺爱。经常有人劝慰女人"你就睁一只眼闭一只眼吧"，意为放宽一点标准，别那么苛刻。

> 事实上，遇到问题冷处理也未必行得通。就好比在不满的时候，就是自己做出改变的时候。

我们没办法改变别人，只能改变自己，否则就是听天由命。他留下了就留下了，走了就走了。任何人际关系都需要维系，都需要我们为此做出一些努力。如果不好好经营，它就会按它自身的方向肆意发展，而达不到我们想要的目的——从中获得快乐。婚姻关系也是如此。

不快乐的夫妻，通常都缺少沟通，彼此不了解对方内心所想，在关系互动中经常意见相左，无论是心灵还是身体都已经有了一定的距离。

一般来说，人们处理问题婚姻有以下三种态度。

**1 继续生活下去，等待时机减少痛苦**

· 痛苦的夫妻关系让人不愿提及，加之离婚的成本太高，因此，受伤的一方会隐忍地坚持下去，期待生活会得到改善。

**2 忽视对方，无视对方的存在**

· 希望将痛苦和不满忽略掉，甚至任由婚姻关系恶化。这样的态度恰恰加速了彼此情感的分离。

**3 积极做出改变**

· 希望采取积极的措施，比如共同讨论、寻找建议、尝试改变等。

不同的选择，会导致不同的结果。也许还是有很多人会问：日子已经过成这样了，还能得到改变吗？没有人能对将来给出一个确定的结果，但是几乎所有人都会相信，积极的态度带来积极的结果的概率，要比消极态度带来积极的结果的概率大。

我们经常说婚姻需要经营，主要有三个方面需要重视，经济（物质）、沟通（精神）、性（身体），也就是说，很多婚姻破裂的迹象其实在初期都表现在这三方面上。

首先说经济，在任何一个团体中，经济都起着决定性的作用，它是维持生活的物质基础。从人类的需求层次来看，经济是放在最底层的。人们只有吃饱、穿暖，保持正常的生存（生活）水平才有精力去谈情说爱。

如果夫妻间整天为明天吃什么发愁，为孩子没钱上学发愁，为没钱治病发愁，为没有养老保障发愁——有太多不顺心的事，自然会影响到感情生活，哪里顾得上那些吃大餐、看电影、到处旅游等能给情感带来正能量的事呢？一般而言，有金钱危机的夫妻，由于体验到经济压力，不如那些小康之家的夫妻对婚姻满意度高，拥有金钱或许会导致离婚，但贫穷也会引起婚姻关系紧张。

其次，是沟通问题。家庭经济属于物质上的婚姻保障，彼此的沟通则是心灵上的保障。夫妻间沟通的原则是，把自己的真实想法表达出来，当对方表达出他的想法时，要确认你所理解的正是他要表达的。

不管是孩子的教育问题，还是父母的赡养问题，或是情感上的问题，不要代替对方去感受，不要猜测。对于生活中的一些重要问题，需要专门的时间深入讨论。

双方都需要深层次的交流。在交流的同时，站在对方的角度想问题，更能让你理解对方。

心理学家约翰·戈特曼和罗伯特·利文森曾做过一项研究。他们观察已婚夫妻对上一次争执的回忆，并对伴侣在讨论中的行为仔细进行了编码，对每一个表示热情、合作或者和解的行为加 1 分；对每一个表示愤怒、防御、批评或蔑视的行为减 1 分。一些夫妻彼此能以尊重和善意的方式向对方表达不同意见，他们谈话时间越长，得分就越高。研究者认为这些夫妻离婚的风险很低，而另一些夫妻在争执中充满了讽刺和轻蔑，在这种情况下，谈的时间越长，得分越低。当研究者比较这两组夫妻时，发现低风险组的夫妻比其他夫妻对婚姻更满意。后来事实证明了，高风险组的夫妻有一半以上在四年后离婚或分居，而低风险组的夫妻则只有不到四分之一的人分手了。也就是说，不能维持大量正面交流的夫妻，其婚姻失败的风险要增加一倍。

除了上面两点，还有一个维系婚姻的重要因素就是性爱。自古以来，性爱似乎都是人们难以启齿的话题。然而在夫妻两人相处中，性爱感受却占了很重要的位置。虽然在现在这个开放的社会，很多离婚的夫妻口头上不愿意承认性生活出了问题，但性生活是否和谐确实是衡量婚姻生活品质的一个重要指标。性是一种自然的生理需求，是人的一种本能。

婚内无法满足，有些人就从婚外寻找，如果人们对当前的性伴侣不满意，并且替代伴侣质量又很高，就可能出轨。社会心理学家认为，即使性生活还算满意，如果伴侣之间的性行为乏味、单调、次数少，男女双方都更可能追求婚姻外的性行为。所以生活中，有一部分人发生婚外情是从婚外性开始的。

夫妻关系也是一种人际关系，也要遵循人际交往中的互惠原则。如果双方的需要在生活中都能得到满足，自我价值能得到对方的认可，能感受到对方的体贴和关怀，彼此的幸福感就会上升，婚姻也会比较稳定；反之，如果得不到满足，就很容易产生情感疏离和心理孤独，产生不良情绪，而不愿意继续将婚姻维持下去。

最后，心理学家发现，符合下面这些条件的夫妻通常不会离婚：20岁以后结婚；都在稳定的双亲家庭里长大；结婚之前谈了较长时间恋爱；接受过较好且相似的教育；有稳定收入；居住在小城镇或农场里；结婚之前没有同居过或怀孕过；彼此之间有虔诚的承诺；年龄、信仰和受教育程度相似。

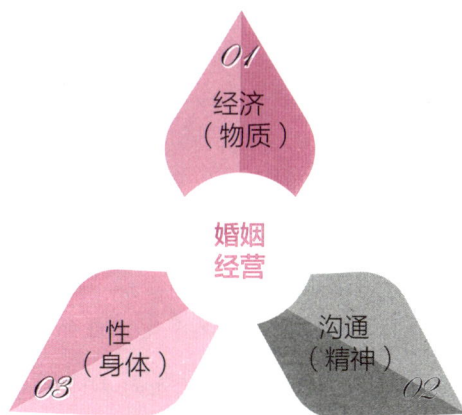

*01*
经济
（物质）

婚姻
经营

性
（身体）
*03*

沟通
（精神）
*02*

# 原生家庭带给你多少影响

*你的伴侣不能摆脱原生家庭的影响，你也是。彼此接受各自所受到的这些影响，不要站在对立面去讨伐对方，而是积极调解矛盾。*

在婚姻关系的影响因素中，除了夫妻的主观方面，还有一个很容易被人忽略的客观因素，那就是双方原生家庭带来的影响，这种影响的力量非常强大。

Wang 结婚后，每当跟丈夫吵架就跑回娘家寻求安慰，开始一段时间丈夫还主动把她从娘家接回来，后来丈夫也懒得接了。她的父母听了女儿对女婿的控诉，也认为女婿做得不对，坚决不让女儿回家。过些日子后，Wang 其实有点想回家了，但父母不希望女儿再受委屈："你回哪儿去呀，这里就是你的家！"

现在，Wang 要是坚持回去的话，觉得有些对不起父母对自己的"保护"；不回去，又特别想念丈夫，这可如何是好呢？看来，夫妻内部矛盾还是内部解决比较好。

普天之下，可能只有父母对孩子的爱是不容怀疑的了，但父母给孩子的束缚也是不可忽视的。我们的一生中有两个家，一个家是我们从小长大的家，也就是我们的原生家庭；当我们长大结婚后，和配偶又组成了一个新的家庭，也就是新生家庭。新生家庭经常会受到原生家庭的影响。每个人在原生家庭长大，一些生活模式早已在我们身上打下了深深的烙印，而且这些都是潜移默化的，都是我们习惯的东西，习惯到我们自己不会意识到它们的存在。当新生家庭产生，另一种截然不同的生活模式走入自己的生活时，会感到不舒服，甚至不理解、抗拒。

Nana 和未婚夫同居一年，现在纠结要不要与其结婚。同居期间她发现了对方有很多问题。比如，她认为对方的父母不如自家父母。"我父母比较爱说笑，爱关心人，为别人着想；他和他的家人给我的感觉是自私、自我。"她认为未婚夫的母亲心态不好："他妈妈生病，其实也不严重，但心态不好，我妈也有心脏病啊，但是心态好，从不给我什么压力。"她认为未婚夫的母亲特别溺爱儿子："他回他父母家，他妈还把他身上的脏衣服脱下洗了。他回去只是待在一边看书、上网，也不与他父母交流，这与我家完全不一样。"

接着，她叹息道："人家都说嫁一个男人等于嫁了一个家庭，等于选择了一种生活方式，所以一直下不了和他结婚的决心。当我看到他的妈妈时，我觉得看到了他身上所有缺点的起源地，所以我特别不喜欢他妈妈。"这样的问题可能是很多女孩的困惑，因为我不止一次地听到一些女性拿自己的父母与男朋友（丈夫）的父母做比较，结果当然是对方家比不上自己家。包括我自己有时候也会想，先生的父母为什么不能像我的父母一样理解和关心我呢？有些问题我的父母会这样解决，为什么他们要那样解决呢？诸如此类困惑，我很快就找到了答案——并不是别人做得多么不好，而是自己对别人的期望太高。

每个家庭的生活方式本身就是有差异的，且社会文化对男女两性的期望和态度也并不一样。

becoming a woman with inner strength

> 家庭的生活方式千姿百态，家庭环境对一个人的成长有着很重要的影响，而且这种影响根深蒂固。如果对这一点无法理解，且无法宽容，非要找到一个与自己的家庭同一种模式下培养出的人做自己的人生伴侣，那么最终注定让人失望。

做一个内心强大的女

当然，两个原生家庭之间的差异越小，今后出现的矛盾会越少。有一次，社会心理学老师和我们开玩笑说："你跟一个人谈恋爱，很有必要到他家里看看，不是让你看他家有多豪华，有多有钱，主要看看他的父母是怎样相处的，他的父母对他的态度，以及他对父母的态度，等等。如果你看到的和你的家庭成员的相处模式，或是你的期望相差甚远，那就慎重考虑你们的关系。"

当时我哈哈一笑，心想：谈恋爱的时候人都是感性的，谁管那么多啊。现在看来，老师并没有跟我们开玩笑，人永远与自己相似的人相处最和谐。

恋爱的时候，能站在长远的视角，理性地选一个与自己家庭背景相似的人很有必要。只是，当自己已经做出了选择，走入婚姻，无法随意更改的情况下，就有必要接受别人的生活方式与你的不同。

原生家庭对新生家庭的影响深远，要是两个家庭的成员都住在一起，问题就更突显了。在父母眼里，孩子即使成年了也仍然是孩子，他们习惯了用自己的羽翼罩着孩子，疼爱孩子。所以各自的父母会疼爱各自的孩子。比如我的家里，我母亲过来小住，所有家中本该我做的家务事她都会替我做完；先生的母亲过来小住，不仅做了家务，吃饭时还会给他夹菜，超市购物后还会习惯性地抢着提重包。这都是父母对孩子爱的表现。我经常想，这都是一代代传承下来的习惯，尽管我现在有意识地培养孩子自立，做个"懒妈妈"，可能等我老了，也会不自觉地表现出对孩子的过度关爱。

人与人（家庭与家庭）之间有差异就会有分歧、有矛盾。很可怕的是，很多夫妻出现矛盾时常常伴随着双方的家族大战，亲戚朋友、七大姑八大姨都掺和进来，本来只是一个小问题，结果就变成了不可收拾的大仇恨。夫妻的矛盾只是两个人的力量在较量，但如果双方的家人都参与进来，这种较量的力量就强大多了。我们要做的就是，减少两股力量的较量，至少不要再增加分量了。

所以，当夫妻间有高兴的事发生时，可以跟各自的父母分享，当一些不愉快的事情发生时，最好不要把各自的父母牵扯进来，别总想着回娘家"搬救兵"，他们强烈的爱女之心可能会给你帮倒忙，真正能帮得了你的人是你自己。

## 是什么影响了你的亲密关系

有些婚姻很成功，有些婚姻却以失败告终，哪些因素会影响夫妻的离婚决策呢？不同的心理学家用不同的理论模型来解释离婚的根源。心理学家乔治·莱文杰认为影响关系破裂的因素有三类。

第一类：吸引力 ◉

亲密关系提供的奖赏，比如亲密感、性满足、安全感和社会地位等，能提升吸引力，而亲密关系付出的代价，比如夫妻矛盾，在关系中投入的时间和精力等则会减弱吸引力。

**影响关系破裂的三大因素**

◉ 第二类：个体拥有的替代选择

任何能替代现有关系的事情，比如单身或事业上的成功，都可能吸引一个人离开现有的伴侣关系。

包括维持婚姻的法律和社会压力、道德约束、抚养子女的经济负担等。

◉ 第三类：亲密关系周围的障碍

莱文杰认为，一些想离婚的夫妻往往会因为离婚的代价太大而继续在一起。他还认为，离婚的很多障碍都是心理上的而非物质上的。虽然一些夫妻是因为没有足够的金钱而离婚，但还有很多夫妻有着足够的经济条件，依然选择离婚。但有些夫妻会因为离婚可能带来的内疚和尴尬而选择不离婚，另外，他们担心离婚会影响孩子的成长，害怕面对社会评价压力，等等。

# 08

## 援助，
## 心生病了要找医生

"我真的不知道该找谁了！"

如果自己支撑不下去了，就不要再一个人扛着了。只要你愿意，总有人能帮到你。

# 扛不动了就找专业援助吧

挫折或应激可能会诱发焦虑、恐惧、抑郁情绪，如果持续时间较长，影响到正常的生活，自己无力应对，就要寻求专业帮助。

前些年，说到要让某人看心理医生，感觉就像在骂人似的，人们即使心里背负着巨大的压力，也不好意思踏进心理门诊。现在人们的观念发生了变化，我身边很多朋友遇到问题，都会主动请我帮助推荐心理医生。

心理医生的任务并不是专门为精神病患者进行治疗，一般的健康人群遇到问题都可以向他们求助。心理咨询和治疗的范围其实很广泛，只要你心理上、情绪上有痛苦、烦恼，甚至在事业发展上有困扰，他们都能给你一些指导和帮助。现在越来越多的人把心理咨询看作是注重生活品质的象征，而不是为自己"治病"。

我们常说的心理医生，实际上是精神科医生和心理咨询师。他们最大的区别是，前者是医生，具有处方权。当求助者有必要进行药物治疗时，他们可以开处方，但是他们有一部分是没有经过心理治疗方面的培训的。后者则是进行心理治疗与咨询专业培训过的人员，他们通过一些心理上的技术手段帮助求助者解决心理问题，但他们不是医生，所以没有处方权。其中有一小部分精神科医生并不满足于对患者进行药物治疗，他们把药物治疗和心理治疗相结合，开创了许多有效的治疗方法，比如精神分析疗法的鼻祖弗洛伊德、认知行为治疗的开创者贝克等。对于心理问题严重或患有复杂的精神心理障碍的人，他们是最好的求助对象。

一般人有心理问题或困扰都可以求助于心理咨询师，如果情况比较严重，达到一定的心理疾病标准，他们会将求助者转介给精神科医生。心理咨询师通过"话疗"来帮助求助者。在不用药物的前提下，他们会有各种其他的疗法，一般会以口头引导为主，也有不同流派疗法，比如催眠疗法、叙事疗法、音乐疗法等，目的都是引导来访者回到自己的内在，面对自己，转化自己的情绪和信念模式，找到自己面对问题的方法。

心理咨询师和来访者有怎样的互动呢？像电视节目中那样吗？

我们经常在一些电视台、电台看到或听到一些"人生导师"为人们排忧解难，口若悬河，把当事人说得一把鼻涕一把眼泪，甚至有的不顾当事人的感受，站在道德的高度去批评、指责当事人。台下的观众看得或义愤填膺，或泪流满面。千万不要以为这就是心理咨询的过程，这只是一档节目而已，它的背后不是对当事人的问题进行解决，更多的是对收视率的追求。也不要把那些电台热线当成心理热线，那些最多只能算"心灵鸡汤"，或许都算不上。对方在对你的情况了解甚少的情况下，仅仅通过一通电话，就指导你该如何做，这并不是专业的心理咨询。

心理咨询师有一定的职业道德，他们会替来访者保密，让求助者感到安全和平静，同时，他们也会遵守价值中立原则，不会指责任何一位求助者。一名优秀的咨询师不仅能够控制谈话方向，也能控制自己的情绪，有足够的智慧帮助和指导来访者走出困境。我有时候也看到一些所谓的心理咨询师，当听到求助者的悲惨故事后，比对方的情绪更激动，甚至有的当听到求助者曾犯过某些错后，忍不住对其指责一番。这样的咨询师自身的一些问题都没解决，又怎么能去帮助他人？

　　一名好的心理咨询师真的能让来访者获得重生。他们会与来访者在讨论中使来访者自己发现一些问题，并通过分析，调动来访者自愿去解决一些问题，他们会引导来访者自己找到解决问题的办法，让来访者个人获得成长。当你感到心情压抑，压力无处释放，或是对自己的处境无所适从的时候，可以考虑选择专业的心理辅导人员来协助你解决问题。

　　最后，温馨提示，心理咨询师给求助者提供的是服务，这也像我们购买商品一样，需要选择正规渠道，或有口碑的商品，很多小作坊生产出来的东西大都质量不过关，会有很多安全隐患。

# 心生病了，你能说出几种"解药"

心理咨询不是咨询师给求助者提供建议，而是咨询师让来访者看到自身的价值，更好地接纳和提升自己，最终解决问题的人是求助者自己。

当你求助于他人的时候，你希望对方能为你做点什么？给你开点解药，回家服用几次睡一觉就好了？不可能那么简单。治疗身体疾病的药你也许能说出很多来，而心里生病了，你又能说出几种解药的名字？

becoming a woman with inner strength

> 身体的解药与心理的解药，最大的不同是，前者在医生手里，后者在你自己手里。

做一个内心强大的女

有一次，我在出租车上和司机闲聊。对方得知我是一名心理咨询师后，马上给我出了一道题："我有一个大学同学，和老婆结婚几年了，孩子两岁多。老婆总要跟他离婚，说他喜欢在外面拈花惹草，不喜欢他和别人交往太多。以前我们经常叫他一起吃饭，现在都不敢叫他出来了。他老婆是单亲家庭长大的，而且现在没有上班，在家带孩子。你给说说，他们的问题在哪里？"

这样的问题就好比，今天你头疼了，给医生打电话："大夫，我头疼，一阵一阵的，你看我是什么问题，给我开点什么药吧。"如果此时大夫告诉你患了某种病，要怎样治疗，这无疑是个江湖骗子。

具体问题必须具体分析，这样得出来的结论才是可信的。同样是头疼的症状，有的人可能是落枕引起，有的人则可能是颅内疾患引起。这两者的差距非常大。

becoming a woman with inner strength

很多人对心理咨询治疗师都有一个错误的认识。他们希望自己求助的对象能帮自己解决当前遇到的实际问题，希望对方给自己出主意，尽早渡过难关。

做一个内心强大的女

很多心理问题都是由实际问题引发出来，或是由实际问题充当导火索后爆发出来的。解决心理问题必须先解决实际问题吗？比如，一个女孩认为自己过胖的身材是导致自己找不到男朋友的原因，心理咨询师不可能马上开一剂减肥良方给她；一个女孩认为自己收入太低，给自己造成了很大的心理压力，心理咨询师不可能想方设法马上为她介绍一份高收入的工作。

谁都希望面临的实际问题能得到最快速有效的解决，我也一样。因为对困惑中的人来说，似乎实际问题解决了，负面情绪自然就会消失，减肥成功了，身材曲线出来了，自然就能找到男朋友；收入高了，自己承受的心理压力自然会消失。

事实真是这样吗？这只是求助者自己的诊断。很多时候他们的认知会有偏差，不合理。既然找了医生，那就让医生从专业的角度帮你诊断吧，看心理咨询师是如何引导来访者的。

一个自认为长得胖的女孩（事实上可能并不太胖），情绪低落的原因是自己找不到男朋友，恨自己太胖。她最希望解决的问题是，如何让自己减肥成功，甚至是到哪里可以找到合适的恋人。咨询师会告诉她，她是否真的很胖，她找不到男朋友的原因是否真是因为自己很胖。胖女孩就找不到男朋友吗？引导女孩一步步对自己的问题有正确的认识，建立正确的、客观的自我概念，等等。

心理咨询师会通过一些心理治疗的技术帮求助者缓解情绪，帮他分析情绪的来源，帮他认清自己，通过一些技术手段，解决求助者的一些问题，帮助求助者获得成长。通过与咨询师的交流，求助者情绪得到了缓解，认知中去除了一些不合理的信念，内心和行为相应地会发生改变，知道了自己应该如何去做，而不是咨询师告诉他如何去做。在这个过程中，求助者得到了成长。

当然，人们在求助的时候，不可能理智地去想"我要成长""我要自己解决问题"。正是因为他们认为自己无法解决问题，才会向人求助。所以，很多读者找我，基本上都是先说事情，等他们把自己的烦恼说完后，马上找我要答案："你告诉我，我该怎么办？""我要离吗？"甚至直接就告诉我："我希望你帮我做决定。"

我很感谢他们对我的信任，也很理解他们在无助时渴望得到帮助的心情，但是我不可能替他们做任何决定。一个人在心情极糟，极其无助的情况下，很容易受人摆布（自愿听人安排，因为他自己已经无能为力了）。他们希望别人为自己指路，但是谁又能保证别人指的这条路是一个最正确的选择，会一直通向光明？没有人能为你负责，除了你自己。

我相信大多数人在与我交流后或多或少都有所受益，即使仍然做不出决定，至少能稍微梳理一下自己的思路，冷静地思考一些问题；而对于有些人，当我最终告诉他们"没有人能替你做决定，除了你自己"的时候，他们难免有些失望。

或许，看到这里的时候，你对被求助的对象有些失望。原来是自己改变自己呀？功劳还是在于我自己呀！没错。我们要明白，人们不可能一辈子不生病，如果经常生病，大多是因为自己的免疫系统不够强大或出了问题。环境、药物、支持者等都是外在支持因素，真正要治愈，还是得加强自己的内在。

# 你刚刚到底说了什么

婚姻生活需要及时反思，特别是矛盾和争论发生之后的反思有助于我们客观地看待问题、解决问题，而不懂反省的人，只会从生活的这个坑掉进另外一个坑。

我能很明显地感觉到每一位向我求助的人，在描述问题的时候都不太客观，很多问题追问到底，会发现对方的表述前后不合逻辑，嘴上说的和实际发生的根本不是一回事。

一个人在情绪激动的时候，几乎不可能做到客观。这一点我很理解。我们的每种情绪，无论负向的还是正向的，都有它相应的作用。愤怒就是愤怒，喜悦就是喜悦。人不可能在愤怒的时候干出喜悦的事来。不可能在情绪失控的时候还能冷静又理智地想，"我可能错了""他有他的难处""我这样做是不对的"。

我发现，我在向朋友倾诉时，有时候为了引起朋友的注意，博得朋友的同情，也会夸大事实，避重就轻，偏执地否定对方一切的好，哪怕纯属为了发泄，不是为了解决问题。然而，当情绪高潮过去之后，我懂得了反思，我问我自己："我刚才都说了些什么？"在这里，我也想对所有倾诉者提四个可以帮助你事后反思的问题。

01 你刚刚说了什么，实际上发生了什么？

你认为你对了，对方就一定错了吗？ 02

03 你认为自己是受害者，对方就是迫害者吗？

你希望事情接下来如何发展？ 04

第一，你刚刚说了什么，实际上发生了什么？

我们在描述问题的时候会不由自主地偏向于有利于自己的方向，有的人可能真的不认为自己的言行有什么不对。他们固执地认为自己看到的一切都是真实的、客观的，自己头脑里想的都是正确的、应该的。殊不知，他们看到的都是自己的好及别人的不好。人们永远都是以自己的利益和标准做出判断，自认为是什么样就是什么样。还有的人能够意识到自己的问题，但不会轻易承认自己的不对之处，他们同样会把不利于自己的信息过滤掉，而输出的都是对自己有利的信息。选择性叙述自己有理的那些事，而自己做得不妥的地方会自动忽略，或有意掩饰。目的是在众人面前美化自己，积蓄力量好与敌对势力对抗。这种人比前者有觉察力和反省力，但他们的描述容易误导被求助者的判断，而且容易导致一种可怕的后果，他们描述别人的错误次数多了，可能到最后自己都相信，就是别人错了。

第二，你认为你对了，对方就一定错了吗？

很多人把"我是对的"等同于"你是错的"，在他们的头脑中非黑即白。其实二者根本不能画等号。首先，你不能确定你一定就是对的。你的判断标准是你自己定的，每个人对"对"的定义都不一样。其次，即使你是对的，那么有没有可能对方也是对的？因为很多事情无所谓对与错，只是人们站的位置不同，思考的角度不一样而已。凡事多几个角度去思考和体验，你的眼界会更宽，思维会更广。

第三，你认为自己是受害者，对方就是迫害者吗？

一个小女孩不小心摔倒在地上，膝盖摔破了，大哭不止。妈妈跑过来狠狠地用脚踩了踩地面说："你这块不平的地面，真该死，害我的宝贝摔了一跤！"当你看到这个小场景的时候，发现什么问题了吗？地面即使静止不动，也被认为"伤害"到了他人，所以，当你感到受伤的时候，你认为是那块不平的地面造成的吗？

很多人认为自己是受害者，对方就一定是迫害者，事实上可能双方都是受害者，也都是迫害者。对于有感情的两个人，当关系破裂时，双方都会感到难受，而不仅仅是一方感到痛心。在你认为对方伤到你的时候，不妨想想，自己是否也给了对方一些伤害。

第四，你希望事情接下来如何发展？

不管你愿不愿意去想，时间都不会停止，事情总是要朝着一个方向去发展。比如，纠结于要不要分手的人，先问问自己想要分手还是不想分手。如果不想分手，那么自己是否正在为不分手而努力，还是在为这个目标设置一些障碍？

# 有"毒"的"鸡汤"不要喝

幸福到底是怎么回事，要靠自己的感受和努力去判断，别人的结论也许是不正确的。那些绝对化的"毒鸡汤"几乎都不可信。

当一个人脆弱和愤怒的时候，就容易向外界求助，也很容易受到外界影响。那些站在你的角度，迎合你的情绪和为你撑腰的人，不一定都是"好人"，因为他们的言行可能更加误导你，让你钻进牛角尖出不来。比如，网上经常有一些看似很有道理的"应景"文字，说得我们心潮澎湃，如获至宝，本以为自己找到了抚慰心灵的"鸡汤"，不想却可能是一剂毒药。

比如下面这些文字：

找一个人要这般宠你：愿意吃你吃不下的东西；从来不迟到，你迟到，他不生气；记得你说过的所有事；你买给他的东西他都会喜欢；可以随时找到他；会一直保护你，害怕你受一点委屈。

一个女人遇到一个好男人，一辈子都不需要成熟，当一个女人越来越成熟，越来越坚强，就证明她并没有遇到一个好男人。

聪明的男人会把他的女人宠得无法无天，让别的男人都受不了她的臭脾气。

以上种种，让暂时受宠的女人越看越得意，而暂时失宠的女人越看越失落，让还没谈恋爱的女人，以这个标准去寻找恋人，已经恋爱结婚的女人，遗憾自己没有找对人。

我经常看到很多女性把这样的文字作为自己的签名，我也在朋友圈看到很多女性朋友转发，接着很多人为之点赞。有的人转载是为了给自己励志，有的人是希望自己的另一半看到后好好学习。看来很多人成年之后仍然生活在童话世界中，或是他们拒绝接受现实。

这类文字被很多人称为"心灵鸡汤"，我不这样认为。真正的鸡汤是能滋补身心的。好的鸡汤富含的营养成分能帮助我们提高免疫力，使身体快速恢复健康。如今，自媒体发达，每个人都可以成为"鸡汤"的熬制者（作者）。只是，他们中很多人功底有限，视角有限，抑或是仅仅为了追求流量，他们熬制出来的"鸡汤"不仅不能滋补，反而会"毒"到人。所以，我更愿意称它们为"伪鸡汤"，它们不仅不能治愈受伤的人，更可能加深受伤者的痛苦感。

现在网络上很多"伪鸡汤"都传递给女人们这样的观念：你只有这样，才是幸福快乐的。比如，一个女人出门时丈夫给她提包是天经地义的，逛街累了回到家中丈夫给她揉腿是必须的，丈夫对她唯命是从才是爱她的，这样的女人才是幸福的……和她们相比，很多女人就"悲催"地发现自己原来是"不幸"的。

如果一个人把现实和童话混为一谈的话，他注定要失望。很多女孩看了言情剧中的那些又年轻、又高大帅气、又体贴入微、又专情、又有钱的男朋友后，就自然而然地在头脑中塑造了一个类似的男朋友形象。真正找到男朋友（丈夫）后，发现男朋友（丈夫）与那些男主角比起来，简直相差十万八千里，不禁感叹"他怎么那么不成熟""他怎么能那样对我"。她们对男朋友（丈夫）充斥着不满和抱怨。我们每个人对生活都有一定的期许，但有些期许未必是合理的。

我的幸福指数一直都比较高。但有一段时间，我的幸福感突然下降。我疑惑了，不断地分析，我的生活到底是幸福的还是不幸福的？为什么自己不被理解？为什么我的生活没有想象中完美？我非常急切地想知道："这个世界上有一直都自认为幸福的夫妻吗？"我想知道，如果幸福指数是一个正态分布图的话，我的小圆点到底是处于中间还是两端？

温格·朱利在《幸福婚姻法则》一书中写道："在这个世界上，即使是最幸福的婚姻，一生中也会有两百次离婚的念头和五十次掐死对方的想法。"看到这句话，我释然了。人就是这样，总是不断地通过比较为自己找平衡。

我为自己的困惑找到了答案。我顿时发现自己遇到的这些事，基本上每对夫妻都会遇到，在这个复杂多变的社会里，我们彼此的感情能维持这么久，婚姻的鲜度能保存于此，已经不易了，何必要追求那个幻想中的完美？

很多女孩子跟我说："我男朋友以前对我百依百顺，现在吵架了都不主动哄我。""我们现在好像都没什么话可说了。""我感觉他没以前那么爱我了。"我告诉她们，这都很正常。

becoming a woman with inner strength

浪漫的爱情都会经历一个由热到冷的过程。相恋的人，即使彼此爱到骨子里，他们的生活也不可能一直保持激情，分歧和矛盾会随着相处时间的增长而凸显出来。爱人间的相处就是不断产生冲突、化解冲突的过程。

做一个内心强大的女

那些不吵架的夫妻不一定比经常吵架的夫妻幸福感高，因为冲突很多时候体现了婚姻中的主动、参与、承诺和关心。

有一次，我和一位心理学老师参加一个活动。一位八十高龄的某著名歌唱家携手太太上台讲述两人的艺术之路，两位精神矍铄的老人夫唱妇随，很是让台下的人羡慕。结尾处，这位歌唱家牵着老伴的手，告诫年轻人要夫妻恩爱，并拿自己举例，非常自豪地说自己一辈子没有和太太红过脸……听到这里时，我有点质疑。

后来我和几位心理咨询师讨论此事，大家都呵呵一笑，我们从小到大都是被灌输这样的思想，夫妻之间不吵架、不脸红就是和谐幸福婚姻的标准。好像没达到这个标准我们就觉得自己是不幸福的，自己的婚姻是不完美的。这样的思想其实并不太好，很容易让人灰心丧气。现实生活中，有多少对夫妻真正能做到一辈子没矛盾、不吵架？即使是同卵双生子，也不可能事事看法都一致。我们需要了解的真相是，幸福不等于完美，不等于无伤害。

# 如何善待自己的抑郁情绪

抑郁情绪和抑郁症是有区别的。抑郁情绪是一种正常的情绪反应，而抑郁症是一种心理疾病。前者可以自己调节，后者需要专业帮助。

有一位退休在家的阿姨，平时看起来精神状态很好，人际交往也不错，但是有一段时间她说自己身体状态不太好，对什么事都没有兴趣。于是，她到医院去看心理科医生，医生给她开了一种助眠的药，说明书上写有抗抑郁的作用。

这下，她就很严肃地把自己的问题当成一回事了。有一次碰见我后，她非常紧张地问："抑郁症是不是很严重的病啊？你看我这问题严重吗？"她说："每天晚上吃药的时候心里特别不踏实，我怎么就患上了抑郁症呢？"看来，医生给他开的那一小瓶药增加了她不少焦虑感。

这位阿姨的具体情况我不太了解。我不能说看她外表及人际相处一切正常，就判断她没有患上抑郁症，但我很肯定地知道，她目前被自己的"抑郁症"给吓到了。我问她，医生给你诊断为抑郁症了吗？她回答：
"当时没问，但回来一看，开的药都是治抑郁症的，可见我还是得了抑
郁症。"

关于这个问题，我曾与一位精神科医生交流过。就像身体疾病一样，
心理疾病的诊断也需要做一些常规检查，而且从医学角度看，精神科医
生认为一种心理疾病的诊断要达到一定的标准，比如，症状的标准、病
程的标准、严重程度的标准等。症状要影响到一个人的社会功能，比如，
不能正常工作、学习，也不能正常地与人交往等。生活中，大部分人都
会有抑郁情绪，但远远达不到抑郁症的标准。

精神科医生在临床上经常遇到两类病人：

**第一类** 达到医学抑郁症标准的患者，严重的会有自杀倾向，
医生一般建议服药治疗，因为药物见效快，同时辅助
心理咨询，效果会更好。

**第二类** 患者只是有抑郁情绪，一般做心理咨询就可以了，甚
至他们通过自己的方式也可以解决问题。

对很多医生来说，他们宁可信其有，不可信其无，因为漏诊是医生
的失职（如果某人因为患有心理疾病而没有得到治疗，可能会导致严重
的后果，甚至是自杀行为）。医生们会习惯性地认为病人既然到了医院，
肯定要比自己想象的严重，因为一般人要不是情况特别严重的话，是不
愿意去求助医生的。如果是小问题，病人完全可以自己调节，何况很多

的心理问题都是生活中遇到某些具体的负性事件所致，如果事情解决了，问题也就解决了。

这就可以解释在生活中常见的一个现象，我们去医院看病，医生诊断、开药，似乎已经是一种约定俗成的现象。所以，我们不能通过医生开出的药物来自我判断病情。到底自己有没有患病，除了上述原因，还有医生的诊断水平、自己的表述程度，以及其他因素的影响等。

如果一个人的抑郁情绪确实影响到自己的日常生活，而且持续时间较长，那么就有必要去医院诊断，寻求心理科医生的帮助。假如你为亲人的离世哀伤两个星期，这是正常的，但如果你两年之后仍然处于悲伤之中，那就有问题了。

据媒体报道，全球现在有三亿多人患有抑郁症。这似乎已经成了时下的流行病，就像传染病一样，但这个数据不排除人为的夸大，和医生误导诊断的夸大。经常有媒体报道，某官员、某富豪、某明星跳楼自杀，其被发现患有抑郁症。媒体的这种宣传给人的感觉是，患抑郁症的最终结果就是自杀或杀人，事实上真有那么严重吗？未必。

对抑郁症的重视体现了人们对心理、精神健康的重视，当然是好事，但若小题大做，把抑郁症放大化、恐怖化，只会给我们带来更多的伤害。

现在，已经有健康专家、心理学家发现了这个现象，全球抑郁症患者的统计数字在呈爆炸式的增长，被诊断为严重抑郁的成千上万的人，也许实际上从来没有得过此症，更糟糕的是，他们吃下了大量抗抑郁的药物。

现代社会竞争激烈，无论男女老少，各行各业都有压力，谁没有点儿小情绪，谁又没有感到抑郁的时候？在感情上遭受了抛弃，在职场上错过了升迁的机会，创业失败，等等。

生活中总会有各种各样的不如意，有抑郁情绪是很正常的。

做一个内心强大的女

## 人们容易被自己的"抑郁症"吓到，有两种可能：

不愿意承认或面对自己的病情，自身的逃避机制在起作用。

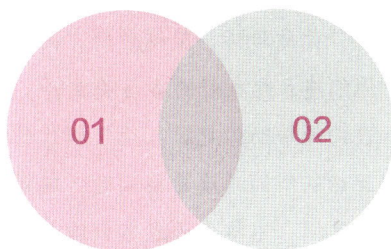

**01**　**02**

有一定的抑郁情绪，但被医生所误导，其实我们生活中常说的和医学上的抑郁症是不一样的。

从心理学的角度来讲，抑郁与高兴、愤怒、悲伤等都是正常的情绪。甚至有的人说抑郁是一种生活方式，他们在非病态的情况下享受抑郁，所以抑郁情绪也能给人们带来一些好处。就像很多人觉得悲伤、难过是不好的，但是历史上很多诗人、文学家恰恰是在一定的负面情绪中创作出了很多佳作。

不过话又说回来，如果你感到自己有严重的情绪困扰，且时间已经超过两个星期，自己无法调节，已经影响到了自己的正常社会功能，比如，无法集中精力去工作，工作时总是出错，或根本不想工作，回避社交，那么最好及时寻求精神科医生或心理咨询师的帮助。

## 揭秘心理咨询过程

完整的心理咨询一般有三个阶段。

披露阶段：这是最初的阶段，主要是你来讲述自己的困惑、成长经历、生活状态等。你会感受到咨询室里的安全氛围，愿意分享更多的感受与想法，而咨询师更多的是倾听，偶尔提问。最初几次，你被聆听，获得理解，而咨询师也收集了关于你的信息。你们建立起良好的咨访关系。

深入阶段：咨询师帮助你更深入地了解你的问题。在咨询师的引导下，你开始从新的角度看待问题，理解事情发生的前因后果。你可能不认同，不接受，或不舒服，但没关系。当你出现任何感受和想法时，都可以及时和咨询师探讨，也许你会从中发现未知的自己。

行动阶段：这个阶段以实现目标为中心。你会在咨询师的帮助下，做出一些改变。这些改变可能是思维方面的（比如减少自己的消极想法），可能是情感方面的（比如降低自己的焦虑情绪），也可能是行为方面的（比如减少自己暴饮暴食的行为），确定有助于解决问题的计划和策略。

# 09

## 恢复力，
## 穿过灵魂的黑暗

唤醒爱的力量

"我感觉好多了！"

受伤总是难免的，我们需要足够的恢复力，在短时间内调整身心，恢复到从前，甚至比以前更快乐。

# 你的焦虑，哪些是因为别人

你总想要规划别人的生活，但别人的行为又不可控，因而产生焦虑。设置健康的个人边界，能减少这种焦虑情绪。

不少朋友在谈到自己的父母时，都认为母亲太强势，并表明自己选择到远一点的城市学习或工作就是为了摆脱父母的控制。

"一切为了孩子"是大多数父母的基本原则。孩子不听话，自己就会不高兴、生气。"别碰那个！哎——叫你别碰！""快点过来——快点啊！""我说了要……你为什么不听？"要不是我自己做了母亲，我也无法理解父母对孩子的约束和过度关注。

我们每个人都过于专注自己，只想到"我希望"，而很少去想别人是否需要。可能人生来就不愿意被人控制。在没影响和伤害到别人的情况下，人们想怎么生活是一种自由和权利，因为我们都是一个独立的人，所以感受到自己被控制的人会有逆反心理和行为。

生活中，很多人习惯性规划别人的生活，一切都要在自己掌控中才好。比如，有一对老夫妻，老太太自认为对老头子操碎了心，老头子还不买账。老头子退休后天天在家喝喝茶，看看报，哪儿也不去。老太太每天都出去跳舞，锻炼身体，最近老太太要轰老头子出门，说："你这样天天在家要憋出病的，晚上出门散散步多好，还有的老头跟我们一起跳舞呢，你怎么就不能跳？"老头子说："我不喜欢！"

老太太不理解，嘟嘟囔囔。不仅如此，老太太还数落了老头子很多做得不对的地方。比如，他特喜欢管别人家的闲事，别人有点芝麻小事都要找他帮忙，好多时候他都费力不讨好，他还不长记性。

又比如，老太太很爱干净，老头子却总是从外面拿回来一些旧报纸、不值钱的老物件儿，她认为这些东西又没价值又占地方，直接就给他扔了。下次老头子还拿回家，就是改不了。

becoming a woman with inner strength

总是提醒别人按自己的意愿行事，说的次数多了就变成了啰唆、唠叨，别人也很烦。

做一个内心强大的女

一个女孩非常反对男朋友玩游戏，而且已经到了愤怒的极点，她说："我对他再好，他还是要做我不喜欢的事。"我也经常听到有人抱怨："我跟他说了无数次，他不听！""我不喜欢他那样。"要知道，我们没有办法去直接改变某个人。且不说你认为对的事未必是对的，首先我们要尊重他人的生活方式，倘若他人的生活方式给你造成了困扰，你也很难通过"好言相劝"、命令、强制等方式来改变他人。一定是对方认为自己有必要改变，愿意改变，他才会改变。所以，我们要改变他人需要很多智慧。

还有一位中年朋友，他 60 多岁的父母要离婚，他认为父母没有考虑他的感受，坚决不同意。他每天为这件事烦心。其实 60 多岁的人做出这样的决定一定是经过深思熟虑的，我们不是他们，体会不了他们的喜怒哀乐，也许他们认为分开比在一起更开心。

不管你是为自己好，还是为他人好，都要尊重别人的选择和决定，进行一次善意的提醒就够了。

becoming a woman with inner strength

　　不要企图强迫别人依你的意愿做出改变，因为你无法改变别人，而且别人的决定未必就是错的和需要改变的。

做一个内心强大的女

有一句话"人之患，在好为人师"，很多人自以为是地充当别人的老师，教育别人要怎样做；事实上，我认为，比"好为人师"更为"患"的是"好为人主"，认为自己是英明的，以自己的喜好主宰别人的生活，要给别人做主。

长期熬夜有损健康，是每个人都知道的事，但为什么还有那么多人熬夜？并不是每个人都愿意生活在极度理智、极度正确、极度科学的思维中，人们会根据自己的需要选择自己要做什么事，而且愿意承担因此带来的风险。

每当遇到一些矛盾或分歧，我总会告诉自己，思维方式不一样而已。就让对方按自己的标准去生活吧，只要对方没有伤害你，没有影响你太多，也没有过度地伤害他自己。当你尊重别人、理解别人的时候，你反而会获得更多。

> **心得一** 接受对方是与你不同的人，不可能事事都跟你的看法相同。

> **心得二** 爱一个人不等于你有控制他的权利。

> **心得三** 不要总想着改变别人，要尊重别人的想法和做法。

我们无法改变别人，能改变的只是自己。就算他人看起来是被你改变了，也是他自己的认知发生改变，引起他自己的行为改变，只不过受到了你的外在影响。所以，要想一个人有所改变，我们最好是先改变自己，通过自己去影响他人，影响不了，就调整自己，顺应环境。一味地要求他人按你的意愿行事，只能是自寻烦恼。

和谐的关系，就是达到彼此的平衡状态，一般来说，不是力图让别人适应自己，就是努力去适应别人，当然，最好的状态是各自调整自我，努力彼此适应。这就是心理学上说的，要设置个人边界，知道哪些事是自己的事，哪些事是别人的事，不要越界，也不允许别人侵犯你的边界。

# 把伤口扒开，不如清理伤口

把注意力放在自己身上，找到自己的节奏。不要总是关心别人为什么会这样，要关心自己怎样才能变得更好，是更值得做的事。

一个人生病或受伤后应该怎么对待自己？有的人不断地把伤口扒开给别人看，以博得同情。不停地为自己找机会申诉，导致伤口流血、感染，结果反而给自己造成了二次伤害。而有的人理智地为自己清理伤口，消毒、包扎、增加营养以帮助伤口愈合，慢慢地也就恢复了。

becoming a woman with inner strength

倘若你行走在路上，被车辆不小心撞伤了。你第一时间希望救援人员抢救你这位伤者，还是追究肇事者？相信大多数人都会选择前者，毕竟救人要紧。

做一个内心强大的女

任何时候，都要以自己的身心为主要关注对象。受伤后，第一时间评估自己的身心状况，先考虑是否有自己的社会支持系统，是否需要专业的心理辅导。把焦点都放在自我恢复上，之后再思考为什么会这样。

很多人往往把事情的顺序弄反了，非要先和对方理论清楚，甚至因对方不道歉，无法追究对方的责任，对自己的伤势不管不顾，茶饭不思、六神无主。"你不让我好过，我也不让你好过。"这部分人往往把太多的心思花在与对方的战斗上，哪怕鱼死网破也在所不惜。

曾有一位 50 多岁的女性读了我的书，希望我能帮助她。她是一位国企干部，刚刚退休，发现了丈夫有外遇，经过一番控诉和哭闹，丈夫承认错误，并承诺不再和外遇对象联系。然而，一段时间后，她再次发现丈夫和外遇对象在一起。丈夫表示需要一点时间来解决外面这些问题，而她已经对丈夫失去了信任。为了拿到证据，她请了私人侦探跟踪丈夫。最终丈夫铁了心要与她离婚，她绝不同意，也不让丈夫好过，隔三岔五就找丈夫的领导反映情况，希望单位对他做出处罚。

她的生活状况特别糟糕，连她的女儿也不愿意跟她生活在一起。她跟我交流的时候，我发现她精神状态极差，说话也变得语无伦次，甚至一直怀疑有人要害她。我知道她的问题已经超越了我能帮助的范围，于是我把她转介给北京某医院精神科的一位大夫。

丈夫犯了错，好像受到惩罚的却是她。一个本来精神正常的女人患了严重的心理疾病，连亲人也不再愿意亲近她。我们常说：可怜之人必有可恨之处。报复带来的只是无休止的战争。对方得不到安宁，自己更是活得纠结。即使你打了个胜仗，又如何呢？等你把肇事者追回来，声讨一番，受害人已经由于救护不及时，"死"掉了。

# 为自己加油，而不是总泼冷水

生活会受暗示的影响，每天不妨告诉自己"今天会有个好心情"。每当有重大选择和决定的时候，暗示自己的选择和决策是明智的。

生活中，我们每时每刻都在接受各种暗示，我们听到的、看到的、感受到的一切都是暗示，不同的暗示，不同的属性，会产生不同的影响。尽管你自己没有意识到这一点，但这些影响对你的生活产生的作用却是不可思议的。

女性比男性更容易被暗示，特别是脆弱的人更容易受到暗示的影响。

**特别注意！**

**积极的暗示富有感染力**

**消极的暗示带来沉重的打击**

当一个身处绝境，或处于痛苦中的朋友对你倾诉时，千万不要说你对他有多么失望，这样会让他彻底跌入毁灭的深渊。

暗示分自我暗示与他人暗示两种。自我暗示是指自己接受某种观念，对自己的心理施加某种影响，并使情绪与意志发生作用。比如，有的人早上起来照镜子，发现自己脸色苍白，眼睑浮肿，皮肤干燥，恰巧昨晚睡眠又不好，这时马上就感觉自己全身无力，甚至怀疑自己得了什么病；而有的人在这种情况下会用理智控制自己的紧张情绪，并且告诉自己洗把脸，打扮一下，到户外活动活动，呼吸一下新鲜空气就会好的，于是精神振作起来，高高兴兴去做事情了。他人暗示就是他人的评价对自己产生的影响。比如，某天你穿了一件新衣服去上班，好几位同事都说不好看，慢慢地，你也开始怀疑自己的判断力和审美眼光了，你也认为这件衣服不好看，甚至决定以后再也不穿它了。

---

becoming a woman with inner strength

消极的暗示是幸福生活的头号敌人。有些人的生活在不断地消极暗示中每况愈下，他们变得十分胆怯、异常敏感、信心缺失，甚至越来越自卑。

做一个内心强大的女

---

Jelly 是我以前的同事，那时候她在公司做文员，我做编辑。她长相平平，家境一般，父母离异，小时候吃过不少苦。一晃我和她认识已经十多年了，如今 36 岁的她仍然单身，仍然做行政工作，偶尔接点校稿的活儿。她换了很多次工作，但职位和收入并没有多大变化。

我曾提醒过她要学点什么，要扩大她的朋友圈，努力"脱单"。她总是说没有大公司会要她，没有人会看上她。她的口头禅是："我哪能跟你比！""我的命就是这样！"我不知道她是真的自卑，还是以"命就是这样"为自己的不作为找借口，但我绝对相信她已经被自己的口头禅给催眠了。

她每天的行程就是起床上班，下班回家，工作没有多大起色，感情上也是一片空白。我没见她谈过恋爱，因为她习惯性地认为自己配不上别人。我对她是"哀其不幸，怒其不争"，当然，她的生活她自己做主。她过怎样的生活是她自己的选择。

发生在一个人身上最糟糕的事情就是，"生来就不幸""命运总是跟我作对"这样的想法根植于脑海中。倘若她能转变思想，用"我的命运肯定会改变""我没什么比不上你的"来暗示自己，她就会不断地提高自我要求，努力去达到自己期望的目标，那可能是另外一个结果。

当你坚定地希望自己成为什么样的人，做成什么样的事的时候，你便提高了对自己的暗示和信任，你的能力也会相应地提升，这种暗示能激发你沉睡的勇气和力量。

任何时候，我们都需要给自己一些积极的暗示，相信自己，经常从好的方面评价自己，多鼓励自己，为自己加油！

# 再坏的事也有好的一面

有些事也许在当时看来是件坏事，但事后回过头来再看，却可能是一件好事。再糟糕的事情，也能找到它的积极意义。

人们追求快乐，媒体上也出现越来越多的教给人们快乐的方法，可是仍然有许多人不快乐。这种不快乐说到底是自己对世界的态度问题。同样一件事，你可能觉得天塌下来了一般，而在他人眼里却并不算一回事。

多愁善感的人，喜欢把一些简单的事情想得很复杂，或喜欢负面地想一些问题。朋友 Kelly 在我们小区底商开了一家服装店。尽管小区的服装店仅此一家，但她的生意还是不够好，人气不旺。就在前些日子，她的店铺旁边又开了一家服装店，似乎要跟她打擂台一样。她郁闷极了。

Kelly：这下我肯定要关门了。本来生意就不好，现在还来了个抢生意的，我没信心做下去了。

我：这是一件好事啊。以前这里只有你一家服装店，无法引起购买者的欲望，现在服装店多了，对购买者的吸引力也就大了呀。

Kelly：……（她瞪大了眼睛，似乎还不明白我在说什么。）

我：比如，以前人们想买衣服了，一想到这附近只有你一家服装店，可选择的衣服又不多，所以人们就到别处去了。而现在多了一家店，选择多了，人们可能就会考虑到这里买衣服了。你的顾客量不也多了吗？

Kelly：听你这么说，我豁然开朗了。

人与人之间对事物的看法可能截然不同。一个人是不是乐观，要看他用什么方式来诠释周遭的人、事、物。比如，在沙漠中行走的两个人，他们只剩下最后一袋水了，悲观的人可能会认为："怎么这么倒霉，就剩一袋水了。"他因此而灰心丧气，失去走出沙漠的信心。而乐观的人却非常满足地想："还有一袋水呢，足够支撑我们走出沙漠了。"因此，满怀信心地前进。

如果只看到事情消极的一面，可能会使你错过许多机会。如果你一直有一个悲观的世界观，那么你的注意力可能永远不会转移到对你有利的一面。

乐观的人能从挫折中发现希望。喜悦、乐观、正面思考，也是一种习惯，它能使我们避免自怨自艾、悲观自叹。

有些人，凡事都习惯性地做负面思考，从负面角度来衡量和评价，结果往往让自己陷入一种悲观的情绪中不能自拔。就像我那位朋友Kelly，当她的竞争对手出现的时候，她首先想到的就是人家抢了她的生意，而想不到竞争带来的好处，因而灰心，甚至还有过关门的打算。

becoming a woman with inner strength

我们有必要辩证地看待事物，凡事不止有一种解释。假如我们多进行正面思考，从比较乐观的角度来看待事情，心情一定会更愉悦、更快乐。

做一个内心强大的女人

同样一件事，若能从正面、乐观的方向来思考，就会使自己充满喜悦和希望。所以乐观的人，是从挫折中发现希望；悲观的人，是在成功中寻找挫折。

我还有一个朋友是个乐天派，好像什么事情都难不倒她。有一次，跟她逛完超市出来，看到广场上有抽奖活动。于是，她用两元钱买了一张奖券，没想到刮中了一辆自行车。

她一直想买一辆自行车，这下她的愿望实现了。每天她都骑着漂亮的自行车上下班，又能运动，又省掉了挤车的苦，是多么好的事情啊！她很爱她的新车，为了防盗，她每天都不敢把车停在外面，每天坚持搬上搬下。尽管这样，半个月后的一天，她将车停到单位的车棚里，还是被人盗走了。

刚开始，她感到很气愤，她恨透了那个偷车贼。可当我们还在为她感到愤愤不平的时候，她又变得开心起来。我们都安慰她："你的车丢了，千万不要伤心啊。"她反而兴高采烈地说："嘿，我为什么要伤心啊？"我们都觉得她有点没心没肺。"如果你们不小心丢了两元钱，会不开心吗？"她问。"当然不会！"我说。"是啊，我就是丢了两元钱而已嘛！"她笑道。

那时候，我才知道，她为什么每天都快快乐乐的。因为她能驾驭生活中的负面情绪，所以当那些不幸的事情发生的时候，她懂得往好处去想，既然有些事情已经发生，无法改变，我们为何不干脆接受它？

在爱情中遭遇背叛，你觉得很伤心，觉得自己的感情被人戏弄，但你可以"转念一想"，你应该庆幸，正是因为他的背叛让你得以早日看清他的真实面目，没有把自己的后半生托付给他。

becoming a woman with inner strength

很多人一件事情做砸了，或是丢了东西，总是喜欢懊悔、自责、忧郁。当你不由自主地"往坏处想"的时候，不如"转念一想"。

做一个内心强大的女人

你带着宠物到公园玩的时候，把宠物弄丢了。你很难过，觉得自己对不起它，怕它流浪。但你可以"转念一想"，它可能会遇到一个比你更喜欢它的主人，过得比现在更舒服。

快乐的方式多种多样，快乐的种子却是众人皆同。每个快乐的人，都藏有一颗相同的快乐种子，那就是乐观的人生态度。

# 为什么说最舒服的姿势是放松

当你感到不开心或有压力的时候，首先要做的就是让自己放松。学会一些身心放松技巧，有助于你更好地处理情绪问题及现实问题。

在正式场合，参加正式活动的时候，我们可能坐姿标准，上身挺直，正襟危坐。但是当一个人待在家里的时候，姿势又是如何呢？斜躺在沙发上，双腿放在茶几上，或是慵懒地躺在院子的草坪上晒太阳。身体放松，会让人感到全身舒服。

对许多人而言，放松就是让自己的身体放松。好好睡一觉，这样确实可以缓解身体的疲劳，但是对心灵的作用却不大，有时候睡眠时间足够了，仍然觉得很累，做什么事都没有兴趣，也没有精神。因为你内心的压力没有得到释放，它就以心理压力或精神苦恼的形式存在于你的头脑中，让你时刻处于精神紧张的状态。

对于心灵来说，找到一个合适的放松方式非常重要。比如，有一个女孩每当感到烦闷的时候，她就买一堆零食吃，通过吃来发泄。不知道从什么时候开始，她养成了吃零食的习惯，而且吃起来就管不住自己的嘴。有时候明明感觉自己很撑了，可她还是没办法停下来。还有一个女孩，每次压力大的时候就到商城购物，不管买的东西是否需要，在购物的过程中她体会到了快感，释放了压力，但是到最后，经济压力却变成了她心上的石头。还有一个女孩，伤心的时候就拉朋友去 KTV 唱歌，每唱起那些忧郁的歌曲，她的内心就变得更加凄凉。

舒展心灵的方式有很多，不健康的方式也有很多，有些人在感到无奈、焦虑的时候，会哭泣、咬手指、砸东西、故意失踪等。当压力不能及时得到缓解，积聚到一定程度时，有些心理承受能力差的人还会做出轻生的举动。他们会用一些自我伤害的方式转移压力，现在由心理问题引起的非自杀性自伤行为很常见。

becoming a woman with inner strength

我们不可避免地体会到一些社会压力。但是当外界的环境改变不了的时候，我们需要从自己的内心做出改变。

做一个内心强大的女

对于心灵来说，最好的休息"姿势"就是无拘无束地伸展，就像你美美地睡了一觉，然后大大地伸一个懒腰。当心灵舒展的时候，所有的烦恼、压力都会消失得无影无踪。一些人在感到焦虑的时候会跑跑步、听听音乐、闭目养神、和朋友家人沟通等，这些大都是积极向上的方式，对放松心情也很有作用。

**释放压力的方法**

| A | B | C | D | E |
|---|---|---|---|---|
| 引导想象 | 户外活动 | 娱乐 | 拓展兴趣 | 写作 |

通过想象的办法，产生平静的、放松的视觉形象让自己得到放松，也是心理咨询中常用的"引导想象技术"。你可以选择几个你觉得安全、宁静和惬意的场景来想象。比如躺在水面上的气垫上，在阳光下静静地躺在一大片草地上。想象自己真的置身于这些环境中，会让你得到放松。你需要把身体放在一个舒适的位置上，身边没有其他人。重要的是，你一定要把这种场景想象得尽量真实，试着去感觉、去品尝。每天想象几次，每次大约 5 分钟。当这些场景变得熟悉和具体的时候，就可以达到帮助你减轻焦虑和放松的效果。

这并不是要求你"一本正经"地放松自己。只要你有意识地放松自己，随时都可以。有时候我躺在床上，闭上眼睛，想象着自己的灵魂已经脱离肉体，飞到空中，而自己的肉体还停留在床上休息。这种感觉也很好，因为让我们的身体紧绷的是我们的思想和灵魂，而当灵魂抽离出去，剩下的肉体就能大面积地和床面接触，它的重量全部放在了床面上，甚至还会陷下去。如此想象，就能得到很好的放松。

如果愿意的话，你可以利用周末的时间和几个好朋友安排一次户外活动，比如爬山、散步等，或是娱乐一下，看看电影、话剧。这些都是不错的方法，不仅让你得到了锻炼，更让你的身心得到了放松。

你也可以做一些自己喜欢做的事情，比如拓展自己的兴趣爱好。日复一日的工作常常让人感到枯燥，如果你喜欢画画，你可以利用业余时间，安静地画画，让你的内心获得宁静；如果你喜欢听音乐，你可以放一些舒缓的音乐，让自己沉醉其中。听音乐不仅是一种享受，在心理学上，它还是一种很好的治疗手段。

我经常向朋友们推荐用写作的方式释放压力、缓解情绪。我们称这种写作为表达性写作，不带评判地快速写下自己的想法和感受，随心所欲地写，会很有帮助，你也可以试试，并欢迎与我分享你的感受。

## 自我暗示的力量

自我暗示是一个用来描述你的想法和信念之间的相互作用的心理学术语。简单来说，就是，一种想法重复多次，最终将形成一种信念。积极的自我暗示是一种心理策略，通过不断地提醒自己正面的事实和观念，可以帮助提升自尊心、增强自信心，并在面临挑战时提供动力和支持。

意识是强大的，即使是在无意识的情况下。所以，不要经常说自己的坏话，而要用一种积极的态度看待自己。自我暗示可以默不作声地进行，也可以大声说出来，还可以在纸上写下来，更可以歌唱或吟诵。每天只要10分钟有效练习，就能改变我们许多年的思想习惯。那么，具体怎样做呢？

首先，注重当下的生活，而不是过去或未来，比如，"我现在获得了幸福的爱情"，而不说"我将来会得到幸福的爱情"；其次，要在最积极的方式中进行，比如，不能说"不能紧张"，而要说"我现在很放松"，这是因为潜意识不会被否定词暗示；最后，语句越简短，就越有效，那种冗长，充满理论性的肯定缺乏情感上的冲击力。

虽然自我暗示可以帮助你获得更积极的思维方式，但它并不能解决所有问题。一方面需要改变你的思维模式，另一方面将这些想法和信念付诸行动。

青蓝